U0348116

农业大数据技术与
创新应用

- 周国民　主　编
- 胡　林　副主编

中国农业科学技术出版社

图书在版编目（CIP）数据

农业大数据技术与创新应用／周国民主编.—北京：中国农业科学技术出版社，
2020.12（2025.1重印）

ISBN 978-7-5116-4873-0

Ⅰ.①农…　Ⅱ.①周…　Ⅲ.①农业科学-数据管理-研究　Ⅳ.①S3-33

中国版本图书馆CIP数据核字（2020）第252796号

| 责任编辑 | 张国锋 |
| 责任校对 | 李向荣 |

出 版 者	中国农业科学技术出版社
	北京市中关村南大街12号　邮编：100081
电　　话	（010）82106636(编辑室)　　（010）82109702(发行部)
	（010）82109709(读者服务部)
传　　真	（010）82106631
网　　址	http://www.castp.cn
经 销 者	各地新华书店
印 刷 者	北京虎彩文化传播有限公司
开　　本	710mm×1 000mm　1/16
印　　张	7.5
字　　数	110千字
版　　次	2020年12月第1版　2025年1月第6次印刷
定　　价	48.00元

《农业大数据技术与创新应用》

编 委 会

序　一

随着数据中心、物联网、5G 网络等新基础设施的建设，以及云计算、区块链、边缘计算等技术的成熟应用，大数据已经极大地改变了人们的日常生活。大数据时代的农业也发生着剧烈的变革，正从能源驱动的传统农业向数据驱动的现代农业转变。

农业是典型的开放性行业，农业系统是一个典型的非线性复杂系统。农业自然资源、社会资源、政策资源都对农业起着巨大的影响。农业大数据作为农业生产的新型要素，对于打破传统农业长期不变的经济均衡状态，具有重要的作用。

本书以农业大数据的基本概念、行业应用为出发点，系统地论述了农业大数据的基础理论与技术体系，以农业大数据创新应用和典型案例，具体展示了农业大数据在农业生产、经营、管理和综合服务方面的应用场景以及其蕴含的巨大效益。通过对农业大数据供应链的解析，深刻阐述了农业大数据与农业创新的关系。以农业大数据为重要驱动力，加速农业产业融合，联通农业生产、经营、管理和服务，服务农业、农村、农民，为解决三农问题，展示出良好的前景。

2020 年 11 月 30 日

序 二

为农业"问诊把脉"离不开农业数据的支撑，就像鱼离不开水一样，智慧农业离不开农业大数据。农业大数据是精准农业发展的动力和要素，从育种设计、产中精确管理，到作物生长预测和产量预估，都需要大量的农业数据，科研数据已经成为数字科研的主要驱动力。

本书通过系统的研究农业大数据，提出了农业大数据的基础理论和技术体系。通过展示丰富的农业大数据创新场景，覆盖了农作物育种、农业生产环境监测、农业生产管理、农产品质量监测与追溯、农产品监测预警等众多应用场景，为广大农业工作者提供了难得的农业大数据视觉盛宴；通过大量剖析农业大数据的案例，为应用推广农业大数据技术和制定农业大数据应用方案，提供了切实可靠的参考。

感谢中国农业科学院科技管理局周国民研究员邀请我为本书作序，让我有机会先睹为快。写下一些读书心得，是以为序。

李艳

2020 年 11 月 29 日

前　言

　　随着智能机器和传感器在农业、农村的应用，以及科研中的大量智能化实验设施的应用，农业数据的数量和范围越来越多，农业过程越来越从传统的能源驱动向数据驱动转型。智能农业强调对农业环境的态势感知来动态管理数据，并强调实时与环境的交互。

　　本书是国家农业科学数据中心长期从事智慧农业研究和科学数据管理实践的产物，是在农业大数据视角下对智慧农业的理解与诠释。全书从大数据的概念和技术体系入手，根据农业数据的特点和智慧农业的要求，构建了农业大数据的概念，提出了农业大数据的特点，形成了农业大数据的技术体系。从国内外智慧农业的实践中，总结了农业大数据的创新应用场景。最后为了更好地推动农业大数据在国内的应用，汇编了国内农业大数据应用的案例。希望本书的出版，能为农业大数据在我国的发展起到一点推动作用。

　　感谢中国农业科学院领导、同事，以及中国农业科学技术出版社编辑们的大力支持，离开这些支持，就不会有本书的出版。国家农业科学数据中心主任周国民主持本书的出版，认真审阅了书稿。本书由王晓丽（第一章）、吴定峰（第二章）、胡林（第三章、第五章第二至四节）、刘婷婷（第四章）、闫桑（第五章第一节）、李干琼、王东杰、王禹（第五章第五节）、樊景超（第六章）等九位作者编写完成。

感谢中国工程院赵春江院士和南京农业大学农学院朱艳院长为本书撰写了热情洋溢的序言。

胡林

2020 年 11 月 29 日

目　　录

第一章　大数据概述

20 世纪 90 年代以来，互联网得到普遍应用，21 世纪移动互联网井喷式发展。国家互联网信息中心 2020 年 4 月发布的第 45 次《中国互联网络发展状况统计报告》中指出：截至 2020 年 3 月，我国网民规模达 9.04 亿人，互联网普及率达 64.5%，手机网民规模达 8.97 亿人，网民使用手机上网的比例达 99.3%，网络购物用户规模达 7.10 亿人。硬件成本不断降低，网速大幅提升，智能终端、传感器和物联网的普及，不仅为大数据的传输和存储提供了基础，而且让越来越多的人成为了数据的生产者。

第一节　大数据的概念和特征

随着信息技术的发展，计算机技术全面并深度地融入人类社会。人们的各种社会现象和行为都可以被"数据化"，产生的数据与日俱增，这些海量的数据被称为"大数据（Big Data）"。依靠大数据技术，这些被"数据化"的现象和行为可以被收集、存储、分析和使用，大大超越了传统的信息获取和解释功能，并且可以更准确地理解需求，掌握动态，提供服务并预测发展。在 2020 年抗击新的冠状病毒性肺炎工作中，数据和信息在理解人们的轨迹并帮助准确定位近距离接触者方面起着重要作用。同物联网和云计算一样，"大数据"是信息技术行业的另一项重要技术变革的产物，以大数据为核心的第四次技术革命正在以前所未有的磅礴气势对人类社会产生深远的影响。

一、大数据的概念

最早在 20 世纪 80 年代，大数据术语被提出（周鸣争，2018）；在《第三次浪潮》一书中，著名未来学家阿尔文·托夫勒将大数据热情地赞颂为"第三次浪潮的华彩乐章"（娄岩，2016）；在 20 世纪 90 年代，被誉为数据仓库之父的比尔·恩门（Bill Inmon）就经常将大数据挂在嘴边（百度百科），直到 2008 年科学家在 Nature 杂志上撰写文章 Big Data：Science in the Petabyte Era，大数据概念才逐渐被人们熟知。2011 年 Science 杂志推出专刊 Dealing with Data，围绕科学研究中的大数据问题展开讨论，说明了大数据的重要性日益彰显（周鸣争，2018）。2012 年以来，由于互联网和信息行业的迅速发展，大数据越来越引起人们的关注，引发了 IT 行业的又一大颠覆性的技术革命（周苏，2016）。

信息技术咨询研究与顾问咨询公司 Gartner 给大数据做出了这样的定义：大数据指需要高效率和创新型的信息技术加以处理，以提高洞察能力、决策能力和优化流程能力的信息资产（黄史浩，2018）。

维基百科对大数据（Big Data）的定义：指无法在一定时间范围内用常规软件工具进行捕捉、管理和处理的数据集合，是需要新处理模式才能具有更强的决策力、洞察发现力和流程优化能力的海量、高增长率和多样化的信息资产。

麦肯锡全球研究所给出的定义是：一种规模大到在获取、存储、管理、分析方面大大超出了传统数据库软件工具能力范围的数据集合，具有海量的数据规模、快速的数据流转、多样的数据类型和价值密度低四大特征。

全球最大的电子商务公司亚马逊关于大数据的定义更为简单直接，大数据就是指超越一台计算机处理能力的数据量（周鸣争，2018）。

IBM 认为大数据是一个术语，它的大小和类型超出了传统关系数据库对数据的捕获、管理和处理数据的能力范围。大数据具有以下一个或多个特征：高容量、高速度或高多样性。人工智能（AI）、移动设备、社交和物联网（IoT）通过新的数据形式来产生海量来源各异、结构复杂的大数据。例如，大数据来自传感器、设备、视频/音频、网络、日志文件、事务性应用程序、Web 和社交媒体，其中大部分是实时且大规模生成的。

基于以上几个代表性定义可以看出，大数据的概念没有统一的描述形式。无法具体定义可以将多大的数据集视为大数据或者可以将多少 TB 或 PB 的数据称为大数据，因为随着技术的不断发展，满足大数据标准的数据集的容量必将增长（周苏，2016）。比尔·弗兰克斯指出，在对大数据的许多定义进行分析的基础上，无论是从数据量、价值还是从处理工具的角度来定义大数据，这些定义都暗示着大数据的含义将随着时代的发展而改变（张瑞敏，2020）。

二、大数据主要特征

IBM 最初提出：可以用 3 个特征来定义大数据：数量（Volume，或称容量）、种类（Variety，或称多样性）和速度（Velocity），简称 3V，即庞大容量、极快速度和种类丰富的数据。之后 IBM 在 3V 的基础上又提出了第 4 个 V（Veracity，真实和准确）。而国际数据公司（IDC）从大数据的 4 个特征来定义，即海量的数据规模（Volume）、快速的数据流转和动态的数据体系（Velocity）、多样的数据类型（Variety）、巨大的数据价值（Value）。

目前学者们用 5 个特征相结合来定义大数据：庞大数量（Volume，或称容量）、种类丰富（Variety，或称多样性）、极快速度（Velocity）、真实性（Veracity）和低价值密度（Value），也可简单地称为 5V。

（1）数据量大（Volume）

这是大数据的首要特征，包括采集、存储和计算的量都非常大。数据集从 TB 级别跃升到 PB 级别，计量单位达到 P（1 000个 T）、E（100 万个 T）或 Z（10 亿个 T）。典型的生成大量数据的数据源包括：在线交易、科研实验、传感器和社交媒体。

根据 2012 年国际数据公司（IDC）发布的《数字宇宙 2020》报告，2011 年全球数据总量已达到 1.87ZB（1ZB = 10 万亿亿字节），并且以每两年翻一番的速度飞快增长。IDC 在 2019 年发布的白皮书《2025 年中国将拥有全球最大的数据圈》中提出，每年被创建、采集或是复制的数据集合就是全球数据圈，2018—2025 年全球数据圈将增长 5 倍以上，从 2018 年的 33ZB 增至 2025 年的 175ZB。

（2）时效高（Velocity）

用 IBM 的解释来说就是处理的时效，比如搜索引擎要求几分钟前的新闻能够被用户查询到，个性化推荐算法尽可能要求实时完成推荐。

在很大程度上，系统数据停留在解释过去的状态，它使用过去的数据来解释过去。而大数据的核心是预测，大数据将为人类生活创造前所未有的、可量化的维度，使数据从对过去的原始描述变为驱动现在。如果将大数据用于市场预测，处理的时效太长，将失去预测的意义，因此处理的及时性对于大数据也非常关键。

比如交通监控要求对一段时间的数据进行采集、处理并快速计算出结果，这样才能有效地缓解交通的拥堵等。用极少的时间深入分析大量的数据，这是大数据区别于传统数据挖掘的显著特征。

社交网络中信息产生的数据流速度很快，也就是通常说的"快数据"，例如，社交媒体是增长最快的大数据源，像微博、微信、Twitter 这类的社交媒体产生的不管是"大数据"还是"快数据"，均具有很强的时效性，用传统的技术手段无法对"快数据"进行有效的分析，要通过大规模的服务器集群对"快数据"流进行极其高速的处理。

随着数据量的快速增长，企业对数据处理效率的要求也越来越高。对于某些应用程序，通常需要在几秒钟内对大量数据进行计算分析，并提供结果，否则处理结果将过时且无效。大数据可以通过对海量数据的实时分析快速得出结论,从而确保结果的时效性。

(3)多样化(Variety)

多样化指的是数据的形态、种类和来源多样化,包含文字、网页、音频、视频、图片、地理位置信息、串流等,数据种类和格式冲破了以前所限定的结构化数据范畴,囊括了半结构化和非结构化数据。

(4)真实性(Veracity)

当数据的来源变得更多元时,这些数据本身的可靠度、质量是否足够直接影响分析结果的正确性。IBM 指出"只有真实而准确的数据对于数据的管控和治理才真正有意义。随着社交数据、企业内容、交易与应用数据等新数据源的兴起,传统数据源的局限性被打破,企业愈发需要有效的信息治理以确保其真实性及安全性"。数据的真实性、准确性和可信赖度提高了,会间接地提高其他的 4V 水平。

(5)价值密度相对低(Value)

在实际操作过程中,可以使用的数据量是海量的,但是并不是所有的数据都是有价值的,很多有效的价值比例在 10%以下。以视频为例,连续不间断的监控过程中,有用的数据可能只有一两秒。随着互联网以及物联网的广泛应用,信息感知无处不在,信息海量,但价值密度较低,如何结合业务逻辑并通过强大的机器算法来挖掘数据价值,是大数据时代最需要解决的问题。

第二节 大数据的主要类型

对于大数据的学习,如果我们想清楚地了解其技能,有效地评估大数据统计应用的价值,分析大数据特征并研究大数据应用方法,那么我们就需要了解要分析的是什么数据,即我们需要了解大数据的数据类型,按大数据的生成方式或来源、数据结构、字段类型、描述方式、数据处理方式、数据粒度、更新方式、用途和维度等可划分为不同的大数据类型。

一、按大数据生成方式划分

联合国欧洲经济委员会（UNECE）根据大数据的生成方法和来源将其分为三类：一是社交网络数据，指的是基于人类行为的信息；二是传统的业务系统数据，它是指行政管理和业务运营的过程；三是物联网数据，指基于机器和设备生成的数据。前一种类型主要表现为非结构化和半结构化数据，数据结构不受控制。后两种类型主要是存储在关系数据库系统中的结构化数据（UNECE Task Team，2013；余芳东，2018）。

国家统计局根据联合国欧洲经济委员会的大数据分类（表1-1），在"非传统数据统计应用指南"中，将大数据定义为通过非传统调查渠道从第三方获得的数据，包括五类，分别是政府部门行政记录中的数据、商业记录数据、互联网数据、基于电子设备生成的数据和其他数据（国家统计局，国家发展和改革委员会，2017年）。行政记录数据和商业记录数据已在政府统计中广泛使用，其他类型的大数据的应用仍然非常谨慎。

表1-1　联合国欧洲经济委员会（UNECE）关于大数据分类

编号	数据类型	编号	数据类型
1	社交网络数据（人力资源信息）	2250	企业网页数据
1100	脸书网、维特、英领等社交网据	2260	扫描数据
1200	博客、评论等信息	3	物联网数据（机器数据）
1300	个人资料	31	来自传感器的数据
1400	图片	311	固定传感器数据
1500	视频	3111	家庭自动化
1600	搜索引擎上的互联网搜索数据	3112	天气/污染传感器
1700	短信、通话记录、数据记录、位置更新、广播覆盖更新、在线新闻等文本信息	3113	交通传感器/摄像头
1800	用户生成的地图	3114	科学传感器
1900	电子邮件	3115	安全/监视录像图像

（续表）

编号	数据类型	编号	数据类型
2	传统业务系统记录数据（流程介导的数据）	312	移动传感器（跟踪）数据
21	来自公共机构的数据	3121	移动电话定位（GPS）
2110	行政管理数据	3122	汽车、飞机、船只等信号
22	来自企业的数据	3123	卫星图像
2210	商业交易数据	32	计算机系统数据
2220	银行/证券记录	3210	日志
2230	电子商务	3220	网页日志
2240	信用卡数据		

二、按照数据结构划分

按照数据结构分类，可以分为结构化数据（表格）、非结构化数据（视频，音频，图像）、半结构化数据（如模型文档等）。

结构化数据主要指遵循一个标准的模式和结构存储在关系型数据库（如Oracle和MySQL）中的数据，数据和字段之间相互独立。结构化数据需要首先设计结构，然后再生成数据。随着关系型数据库的发展相对成熟，结构化数据的存储和分析方法也得到了更加全面的发展，有大量工具可支持结构化数据分析，大多数分析方法是统计分析和数据挖掘，其中，关系数据库是在关系模型的基础上创建的数据库，关系模型是二维表模型，因此，关系数据库包括一些二维表，并且这些表具有某些关联。关系数据库可以使用SQL语言通过固有的键值提取相应的信息。

不方便用关系型数据库二维逻辑表来表现的数据即称为非结构化数据，其中包括图片、音频、视频、模型、连接信息、文档、位置信息和网络日志等。此类数据通常以特定的应用程序格式进行编码，并且数据量非常大，不能简单地转换为结构化数据。这部分数据占据企业数据的较大部分，并且增长速度更快。非结构化数据更难被计算机理解，并且不能直接使用 SQL 语句处理或查询，一般直接以文件的形式存放在硬盘中。

半结构化数据是指以自描述文本模式记录的数据，与普通的纯文本相比，半结构化数据具有一定的结构，但本质上不具备相关性。数据结构和内容是混合的，介于完全结构化数据和完全非结构化数据之间的数据。可以说是一种结构化数据，但是结构变化很大。因此，为了理解数据的细节，不能简单地将数据作为非结构化数据或结构化数据进行处理，并且需要特殊的存储（解析为结构化数据或以 XML 格式组织并保存在 CLOB 字段中）和处理技术。半结构化数据包含相关标签，以分隔语义元素以及图层记录和字段。它是存储在树或图形数据结构中的数据。首先是数据，然后是结构。两种常见的半结构化数据类型有 XML 文件和 JSON 文件。常见的来源包括电子转换数据（EDI）文件、扩展表、RSS 来源和传感器数据。OEM（Object Exchange Model）是一种典型的半结构化数据模型，它也存储在非关系数据库（NoSQL）中。与过去易于存储的结构化数据相比，非结构化与半结构化数据的增长率更快。IDC 的报告显示，目前大数据容量中，非结构化数据占 80%~90%（杨正洪，2016）。非结构化数据比例不断升高，对数据的处理能力也提出了更高的要求。

第三节　大数据的主要应用领域

目前大数据的应用已经十分广泛，影响了许多行业，包括金融行业、互联网、医疗行业、社交网络、电子商务和农业等。通过数据挖掘和其他技术分析数据中的潜在规律，可以预测未来的发展趋势，并帮助人们做出正确的决定，从而提高各个领域的效率并获得更多收入。

一、大数据在互联网企业的应用

互联网公司拥有大量在线数据，并且数据量正在迅速增长。除了使用大数据来改善业务之外，互联网公司还开始实现数据业务化，并使用大数据来发现新的商业价值。

以阿里巴巴为例，它不仅继续加强针对消费者的个性化建议和具有"千人千面"的大数据应用，而且还在尝试将大数据用于智能客户服务。该应用程序场景将从内部应用程序逐步扩展到许多外部公司的呼叫中心。

在过去的几年中，大数据改变了电子商务的面貌，具体来说，大数据在电子商务行业中的应用包括以下几个方面：精准营销、个性化服务和个性化产品推荐。

（1）精准营销

互联网公司使用大数据技术收集有关客户的各种数据，并通过大数据分析来构建"用户画像"，抽象地描述用户信息的全貌，从而为用户提供个性化的建议、准确的营销和广告投放。用户登录到网站后，系统可以预测用户今天为什么来，然后从产品库中找到合适的产品推荐给他。

大数据支持的营销核心是使用正确的载体，以正确的时间和正确的方式将企业的业务推向最需要它的用户。例如，在美国的沃尔玛超市中，收银员扫描了客户的购买物品后，在 POS 机上会显示物品的附加信息。销售人员可以根据这些信息提醒客户可以购买哪些其他物品。

（2）个性化服务和个性化产品推荐

电子商务具有提供个性化服务的优势。它可以通过技术支持实时获取用户的在线记录，并及时为他们提供定制化的服务。随着电子商务规模的不断扩大以及产品数量和类型的快速增长，客户往往需要花费大量时间来寻找他们想要购买的产品。通过个性化推荐系统可以分析用户行为，包括评价、购买记录和社交数据，分析和挖掘顾客与产品之间的相关性，从而发现用户的个性化需求、兴趣等，然后向用户推荐他们感兴趣的信息和产品。

二、大数据在医疗行业的应用

麦肯锡在报告中指出，排除体制障碍，大数据分析可以帮助美国医疗服务行业每年创造3 000亿美元的增加值。医疗行业具有大量病例、病理报告、治疗计划和药物报告等。如果可以对这些数据进行分类和应用，将极大地为医生和患者提供帮助。通过对医学数据的分析，人类不仅可以预测流行病的流行趋势、避免感染、降低医疗费用等，而且还可以使患者享受更便捷的服务。

（1）电子病历

迄今为止，大数据最强大的应用是电子病历的收集。每个患者都有自己的电子记录，包括个人病史、家庭病史、过敏和所有体检结果。这些记录通过安全的信息系统（究竟是否安全值得商榷）在不同的医疗机构之间共享。每位医生都可以在系统中添加或更改记录，而无须花费大量的纸质工作。这些记录还可以帮助患者了解他们的用药状况，也是医学研究的重要数据参考。

（2）健康监测

结合智能可穿戴设备和移动App获取患者的实时健康信息并建立数据库。通过对数据的分析，预测患者的健康情况并为患者提供提醒服务，例如提醒用户及时服药，以及用户在某些方面可能存在的健康问题，需要注意的饮食和生活方式。由于医疗物联网由这些无线可穿戴设备组成，因此每时每刻都会生成数据，这与大数据密切相关。从目前的研究状况来看，智能可穿戴设备是当今和未来信息技术与医疗保健集成的主要公关方向。

（3）公共服务

大数据的使用可以改善公共健康监控。公共卫生部门可以通过全国范围的患者电子病历数据库快速检测出传染病，进行全面的流行病监测，并通过综合的疾病监测和应对程序快速做出反应。可以减少医疗索赔支出，降低传染病感染率，使卫生部门更快地发现新的传染病和流行病。通过提供准确及时的公共健康咨询，公众健康风险意识将大大提高，必将降低传染病感染的风险。

三、大数据在金融行业的应用

金融行业的数据具有交易量大、安全级别高等特点。银行在做信贷风险分析的时候，需要大量数据进行相关性分析，但是很多数据来源于政府各个职能部门，包括工商税务、质量监督和检察院法院等，这些数据短期仍然是无法拿到的。

金融行业是典型的数据驱动行业，每天都会产生大量的数据，包括交易、报价、业绩报告、消费者研究报告、各类统计数据和各种指数等。所以，金融行业拥有丰富的数据，数据维度比较广泛，数据质量也很高，利用自身的数据就可以开发出很多应用场景。

大数据在金融行业的应用范围较广，典型的案例有花旗银行利用 IBM 沃森电脑为财富管理客户推荐产品，并预测未来计算机推荐理财的市场将超过银行专业理财师；摩根大通银行利用决策树技术，降低了不良贷款率，转化了提前还款客户，一年为摩根大通银行增加了 6 亿美元的利润。

四、大数据在农业中的应用

大数据在农业中的应用主要是指根据未来的商业需求预测来生产农牧产品，降低菜贱伤农的概率。同时，通过对大数据的分析可以更准确地预测未来的天气和气候，帮助农牧民预防自然灾害。通过分析消费者的消费习惯来帮助农民决定增加或减少哪种农作物品种，有助于快速销售、提高单位面积产值并完成资金回流。从目前的农业大数据发展趋势看，农业大数据的影响，主要体现在以下 6 个方面：①农业大数据可以加速农业育种过程；②促进精准农业的发展；③实现农产品追溯；④重组农产品供应链；⑤实现农业精准决策；⑥农产品监测预警。后续章节会详细介绍。

　　除了以上介绍的内容，大数据在教育、交通、制造业、能源、媒体和政府机构等领域也已经得到广泛应用。不得不说，大数据已经深深地触及当今社会的每个角落，并实实在在地改变着人们的生活方式乃至这个世界。

第二章　大数据处理框架与技术

读者从上一章已经了解了大数据的概念、特征、分类、应用的现状和前景，本章主要介绍现阶段主流的大数据处理框架和技术的基本概念和原理，包括大数据处理架构 Hadoop、分布式文件系统 HDFS、并行运算框架 MapReduce 和快速通用计算模型 Spark。

第一节　大数据处理架构 Hadoop

一、什么是 Hadoop

Hadoop 是由 Apache 基于 Google 的一系列基础研究成果所发展起来的一个分布式大数据处理架构，具备高可靠性、高可扩展性、高并发性和高效性的特点，是现行主流的大数据处理架构。

Hadoop 的核心功能基于一个分布式文件系统 HDFS 和一个分布式计算模型 MapReduce 模型而构建。HDFS 在设计之初就强调高容错和可扩展的特点，可以在廉价硬件上进行动态扩展性部署；由于实现了数据的分散备份，因此能在极端的情况下保证数据的安全性；同时因为其支持数据块的并发读写，因此大大提高了大数据文件的存取速度。MapReduce 则是一个分布式计算的计算模型，Google 在 2004 年发表了其总结的分布式运算规律，即大部分的分布式运算都可以抽象为很多个针对基础数据单元的运算：Map 运算和负责结果排序合并的 Reduce 运算的组合，基于以上理论，MapReduce 分布式计算架构应运而生。其中，Map 运算将系统的输入转化为一系列的<key，value>集合并对这一集合进行基本的归并，Reduce 运算则用于对 Map 运算的输出结果进行排序和合并，生成最终的运算结果。MapReduce 架构和 HDFS 相配合，将数据块和相对应的 Map 运算进行高效组合，可以保证在最小的系统内部开销前提下对海量分布式数据进行高效并行计算。

在核心功能之外，Hadoop 还发展出一个庞大的体系，形成了一个自成体系的小型生态系统，该系统中除了核心的 HDFS 和 MapReduce 外，还有致力于数据提取转化加载（Data ETL）的数据工厂软件 Pig，为数据工程师、分析师和基于数据进行决策的管理者服务的数据仓库软件 Hive、实时分布式数据库 HBase、对日志进行收集和简单整理的日志收集工具 Flume、数据挖掘库 Mahout、用于传统数据库和 Hadoop 之间进行数据传输和转换的工具 Sqoop 等。这些外围工具和软件的蓬勃发展，使得 Hadoop 成为在商用大数据和云计算领域的全产业链体系。

二、Hadoop 发展简史

Hadoop 已经经历了将近 20 年的发展。最早起源于 Apache 在 2002 年开发的一个开源网络搜索引擎 Nutch，其开发的初衷是建立一个对全网所有网络资源进行抓取、索引和检索的超级爬虫系统，随着该项目的深入进展，发现数以亿计的网络资源存储和索引成为难以解决的技术问题，Nutch 的效率越来越低，以致于最后完全无法有效响应使用需求。当时 Nutch 所遇到的最大的两个技术难题是超大型网络资源的安全存储问题和海量网页高迭代索引问题。为了解决 Nutch 所遇到的问题，Apache 的技术人员参阅了 Google 研究院与 2003 年和 2004 年所发表的两篇技术论文：《The Google File System》（谷歌学术，2003）和《MapReduce：Simplified Data Processing on Large Clusters》（谷歌学术，2004），并认为这两篇论文中所介绍的技术架构可能帮助 Nutch 解决海量数据存储和高迭代索引计算的问题。在上述两篇论文中，Google 提出了后来构成 Hadoop 核心的多个重要概念和方法，包括分布式文件系统中的控制器 Master、文件块 Block、块存储服务器 BlockServer、元数据—块映射、映射（Map）和化简（Reduce）、本地计算、任务管道等。由于 Google 不愿开放源码，Apache 的技术人员于是参照论文自行实现了这两个技术架构，分别命名为 NDFS 和 MapReduce，从而构成了现在 Hadoop 技术生态的核心基础。2006年 NDFS（Nutch Distributed File System）和 MapReduce 被 Apache 独立出来作为开源检索项目 Lucene 的一个组成部分，并单独命名为 Hadoop，NDFS 经过改写也被重新命名为 HDFS（Hadoop Distributed File System）。2008 年，由于雅虎对于 Hadoop 的全面应用和支持，Hadoop 脱离出 Lucene 成为了 Apache 的顶级项目，开始了 10 余年的快速发展，越来越多的企业将 Hadoop 作为自身大数据业务的首选技术，或基于 Hadoop 推出相关的商业服务或者开源工具。2013 年，Apache 发布了 YARN 资源管理平台和 Hadoop 2.0，扩展了 Hadoop 在超大规模集群运算上的可靠性，在一定程度上解决了 Hadoop 的应用场景扩展问题。在此基础上，Hadoop 最终发展为如今独霸商业大数据和云计算领域的巨大的生态体系。

　　Hadoop 在功能性和稳定性上还存在一定的缺陷，比如 HDFS 对于海量小体量文件的存取存在较为严重的性能瓶颈，不支持多用户存储也难以支持对于数据的频繁修改，对于多机架服务器间的平衡支持还不够完备，难以兼顾多机架存储冗余和低系统内耗运算；MapReduce 对于高价值密度数据的并行处理支持不足，预测执行策略适应性不足，需要用户根据实际节点压力适时调整，对于迭代计算、流计算和图计算的支撑不足等。

　　针对 Hadoop 的弱势领域，新的大数据和云计算架构 Spark 异军突起。Spark 与 Hadoop 虽然都基于 HDFS 等分布式存储系统，但是与 Hadoop 不同，Spark 充分利用节点内存来存储计算中间数据而不是将中间策略写回 HDFS，这一策略使得它在处理迭代计算时的效率要比 Hadoop 显著提高，大约是 Ha-doop 的 1 000 倍。由于这一特性，Spark 被广泛地应用于机器学习、网络大数据实时计算和流计算等 Hadoop 的传统弱势领域中。未来将 Hadoop 和 Spark 结合应用是大数据和云计算的趋势，业内有一句论断："Spark 站在 Hadoop 肩上将让大数据跑得更快！"这二者的结合将使得大数据和云计算能够应用于更多的领域和更多场景。

三、Hadoop 的体系结构

Hadoop 利用一个分布式文件系统 HDFS 和一个 MapReduce 计算模型构成其架构核心。如图 2-1 所示，在其核心上实现了一个典型的分布式 Master-Slave 架构，基于此架构，Hadoop 可以支持针对 PB 级数据的弹性存储和高效并行计算。

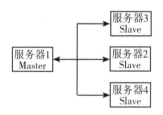

图 2-1　Master-Slave 架构

分布式文件系统 HDFS 是 Master-Slave 分布式架构的典型实现。如图 2-2 所示，在 HDFS 中，有一个 Name-Node 服务器节点用以记录所存储数据文件的元数据（Metadata）信息，而数据文件本身则被分成同等大小的数据块（Block），分散存放在其他服务器中，用以存放数据块的服务器节点叫作 Data-Node。进行文件读取操作前，客户端先和 Name-Node 进行沟通，Name-Node 统一对数据块读取进行管理，指定相应的 Data-Node 响应读取操作；进行文件存储操作时则是由客户端在和 Name-Node 进行创建文件的请求交互之后直接和 Data-Node 进行交互，Data-Node 随后将块信息更新给 Name-Node。

显然，在文件存取过程中，Name-Node 扮演 Master 的角色而 Data-Node 执行 Slave 的功能。由于实际的文件存取过程都是由客户端和多个 Data-Node 直接交互，Name-Node 仅在存取操作开始时和结束时发挥作用，理论上可以做到最大程度的并发，并且无论有多少 Data-Node 参与操作整个系统均没有架构体系上的瓶颈，只有带宽和客户端 IO 性能上的瓶颈，因此，理论上该文件操作体系可以基于廉价主机无限扩展。基于分布式文件系统 HDFS，Hadoop 拥有了以较低成本可靠存储 PB 级数据的能力。

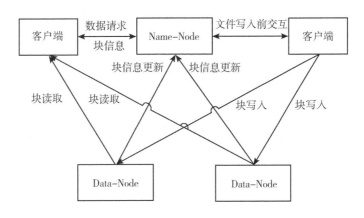

图 2-2 HDFS 的基本体系结构

MapReduce 也是典型的 Master-Slave 架构实现，如图 2-3 所示，在 MapReduce 架构中有一个对计算任务进行调度和管理的节点：Job-Tracker 和一系列执行具体计算的节点：Task-Tracker。Job-Tracker 对整个计算任务进行调度，决定在哪些节点上利用哪些数据进行 Map 运算，并且会调度 Reduce 任务和 Map 任务间的交互，扮演的是 Master 的角色；而 Task-Tracker 则负责 Job-Tracker 所分配的具体 Map 计算任务，起到的是 Slave 的作用。

在实际应用中，MapReduce 的 Task-Tracker 往往就是 HDFS 的 Data-Node，且该 Task-Tracker 所负责的 Map 运算往往与该主机作为 Data-Node 时所存储的数据块（Data Block）密切相关，所进行的计算往往都是利用本地数

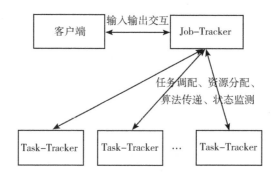

图 2-3　MapReduce 的基本体系结构

据进行本地计算。采用本地计算策略与 HDFS 的存储特性有关，HDFS 的 Name-Node 中存储了所有数据块的元数据信息，由于 HDFS 存储的数据量极大，如果数据块的大小太小，数量就会极多，这将导致 Name-Node 遭遇极大的性能危机，因此 HDFS 默认的数据块大小为 128M，有些公司甚至自行将其调整至 256M 大小以降低 Master 的性能压力。在分布式计算中，各计算节点间如果频繁进行 128M 大小的数据传输会导致系统内部巨大的流量压力，而如果进行本地计算只需要将所需算法发送给每一个 Task-Tracker，其占用资源最多为 KB 级别，拥有 1 000 倍的性能优势，因此 MapReduce 优先向各节点传递算法以尽量减少各个节点间数据的移动。

第二节　分布式文件系统 HDFS

一、HDFS 简介

HDFS 即 Hadoop Distributed File System，是 Hadoop 体系中的分布式文件系统，其面向流式数据访问和超大文件存储的需求，具有高可扩展性、高可靠性、高并发性的特点。为了实现以下特点，HDFS 在设计时遵循以下设计原则。

1. 分布式并行操作

HDFS 设计为一个分布式文件操作系统，其文件操作采用在多个分布式节点上同时进行的方式，以最大程度地提高文件操作效率。

2. 集群扩展性原则

作为一个分布式系统，HDFS 在设计中十分注重可扩展性，以便通过简单的硬件叠加来线性地增加系统能力。在 HDFS 中，每一个 Data-Node 都不存在特异性，这就保证了其存储能力可以随着分布式节点的扩展而自由扩展。

3. 冗余备份原则

HDFS 为每个文件块都进行冗余备份，默认设置为每个文件块会拥有两个额外的备份，一个在同机架的另一台存储节点上，另一个则在其他机架上，冗余备份保证了哪怕在较极端的情况下 HDFS 所存储的数据文件仍旧是可用的。

4. 鲁棒性原则

HDFS 设计了非常完备的数据备份、故障检测和恢复功能，以应对集群中节点随时可能出现的各类故障，保证系统可用。

5. 简化一致性原则

HDFS 规定数据文件一次性写入多次读取，其假设数据一旦创建、写入完成并且关闭之后就不再需要进行修改，这一假设使得在其他数据存储系统中一直难以解决的复杂数据一致性问题变得简化，为其支持大吞吐量的数据操作打下了基础。

6. 移动算法原则

在对大体量的数据文件进行计算时，将算法移动至数据存储节点进行计算的开销要远远小于将数据移动到固定的计算节点进行计算，HDFS 为移动算法的计算模式提供了接口支持。

7. 异构移植性原则

HDFS 在设计时考虑到了在异构平台上的移植便利性，这一特性保证了 HDFS 在异构平台上的可用性。

因为遵循了以上七项设计原则，使得在应用于大数据存储时，HDFS 具有如下几项优势。

（1）可胜任超大数据文件的存储

HDFS 可以胜任 TB 级大小文件的存储任务，相比之下，使用常规的磁盘文件操作系统完全无法存储如此之大的数据文件。理论上，通过扩展分布式存储节点并合理设置文件块（Block）大小，HDFS 的存储能力近乎可以无限扩充。

（2）支持流式数据访问

在 HDFS 中，一个数据集会被分割为多个文件块，这些文件块被复制存储于一系列存储节点中，在支撑大数据计算任务时，数据集被并发的整体读取，流式输出给计算任务，由于大数据分析计算任务往往和数据集中的大部分数据相关，因此这种文件访问方式可以大大提高大数据处理效率。

（3）扩展成本足够低廉

HDFS 基于商用机集群设计，因此可以利用廉价的商用机扩展存储节点，使得大数据存储的成本变得十分低廉。为了适应商用机故障率高的特点，HDFS 设计了完备的文件块备份机制，保证集群中部分商用机出现故障的情况下，所存储的数据文件仍然是可用的。

正是因为具备上述优点，HDFS 成为应用最广泛的分布式大数据存储系统之一。同时也应看到，HDFS 也存在着以下几项明显的缺陷，使其在部分场景下并不适用。

（1）面对大量小文件时存储效率下降明显且成本高企

HDFS 的 Name-Node 上存储有所有文件块的元数据（Meta Data），当 HDFS 存储大量的小文件时会导致 Name-Node 上的元数据存储量激增，造成严重的性能瓶颈。并且由于 HDFS 严格按照设定的文件块大小（一般是 128M）分配存储空间，小文件哪怕小于这个大小也会独占一个文件块空间，这也会导致存储空间的严重浪费和存储成本的急遽增高。

（2）不支持对于数据文件的任意修改，不支持多用户写入

HDFS 仅支持每个文件一个写入用户，其他用户无法修改该文件，且 HDFS 不支持在文件的任意位置进行修改，只支持在文件末尾执行追加操作。

二、HDFS 的核心机制

HDFS 的核心机制包括文件分块机制、冗余备份和存放机制、负载均衡机制和心跳感知机制，下面分别予以介绍。

1. 文件分块机制

HDFS 遵循数据块的方式进行数据文件的操作和管理。默认情况下，HDFS 的每个文件块大小为 128MB，当一个数据文件大小大于 128M 时，它将被划分为多个大小为 128M 的文件块，最后一个文件块虽然不到 128M 也会占据一个完整的文件块空间；当一个数据文件小于 128M 时，它本身就占据一个完整的文件块空间。通过较大的文件块设置，HDFS 有效地降低了对大体量文件进行操作时的寻址开销。同时，通过文件分块，HDFS 可以更高效地利用不同存储节点的磁盘空间，方便地实现文件的分布式备份，并且可以提供更强的数据容错能力和可用性。

HDFS 允许管理员改变文件块的大小设置，在一些 Hadoop 应用中，常常使用 256MB 或更大的文件块大小设置，使用多大的文件块设置由系统管理员根据节点性能和存储文件的特性来灵活决定（杨巨龙，2015）。

2. 冗余备份和存放

HDFS 对文件块进行冗余备份，以保证在集群的部分存储节点失效的情况下仍旧可以提供可靠的文件操作服务，确保系统的高可用性。HDFS 允许

用户在配置文件中设定文件块的复制因子（Replication Value），复制因子设定每个文件块需要在 HDFS 中做多少次冗余复制。HDFS 的默认复制因子为 3，即每个文件块需要进行 2 次冗余复制，以确保 HDFS 中有 3 个相同的文件块。由于分布式系统的节点状态不可预知，所以 HDFS 设计了安全模式（Safe Mode）来保证复制因子的有效性。HDFS 启动时会默认进入安全模式，在运行时管理员也可以通过命令手动让 HDFS 进入安全模式。在安全模式中，HDFS 将逐一检查数据块实际副本率是否满足系统最小副本率的要求。数据块实际副本率等于数据块实际副本数和系统设定的复制因子之间的比值，系统最小副本率是 Hadoop 配置文件中所设置的一个系统变量，它规定了系统所允许的最小副本率。如图 2-4 所示，如果实际副本率小于最小副本率，HDFS 就将增加副本数量直到实际副本率大于最小副本率时为止。同时，如果发现实际副本率大于 1，HDFS 也会删除多余的副本，使实际副本率小于等于 1。在此过程中，HDFS 不允许修改或者删除文件，直至退出安全模式为止。通过定期运行安全模式，可以确保 HDFS 冗余备份策略的有效性。

为达到较高的可用性，HDFS 引入机架感知（Rack-aware）策略来对文件块副本的存放进行优化。通过机架感知，Name-Node 可以获知每一个 Data-Node 所在的机架（Rack）ID。在此基础之上，HDFS 对文件块的 2 个副本进行如下存储分配：将其中一个副本存储在与源文件块所在 Data-Node 同一 Rack 的另一个 Data-Node 上，将另一个副本存储在不同 Rack 的某一 Data-Node 上，整个过程如图 2-4 所示。这样存储的好处在于当存储源文件块的 Data-Node 失效时，HDFS 可以快速地从同一机架内获取该文件块的备份，此过程可完全依靠效率极高的机架内传输来实现，不用增加机架间的流量压力，而万一出现极端情况，某一机架整体失效时，HDFS 也可以从其他机架获取文件块备份，保证系统的可用性。

3. 负载均衡和心跳感知

由于 HDFS 在进行文件块存储时要综合考虑节点故障时的高可用性、极

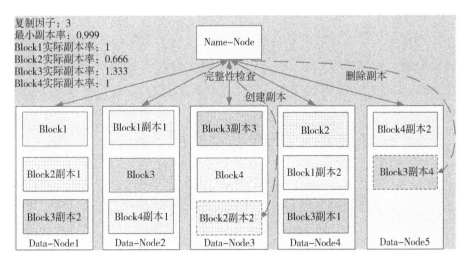

图 2-4 HDFS 的安全模式工作原理

端情况下的可恢复性和分布式计算时的数据传输成本，因此文件块往往不是平均分布在每个 Data-Node 节点之中的，往往会出现某些节点或机架的存储资源使用率很高，而另一些节点或机架的存储资源使用率较低的情况，当这种不平均的情况出现时，会导致系统出现一系列的性能问题，MapReduce 本地计算的并发率也会大大降低。为了平衡节点间的存储空间使用，HDFS 引入了负载均衡工具 Balancer。在使用 Balancer 时管理员需要指定各节点存储资源使用率偏差上限。Balancer 启动后，从 Name-Node 获取所有 Data-Node 的文件块存储情况和磁盘使用情况，然后计算哪些 Data-Node 应该移出文件块，哪些 Data-Node 可以接收文件块，最后执行相应的文件操作，以上过程是一个递归的过程，直到所有 Data-Node 的磁盘使用率差异都在使用率偏差上限之内为止。

　　HDFS 中 Name-Node 和 Data-Node 之间的状态信息和部分通信通过心跳机制来实现。Name-Node 启动时会单独设立一个线程用以监听 Data-Node 的心跳反馈，Data-Node 启动时会连接 Name-Node 获取心跳具体参数，然后按照心跳间隔参数的规定（默认为 3 秒间隔）向 Name-Node 发送心跳信息，心跳信息中还可以附加通信数据。如果 Name-Node 长时间没有接收到 Data-Node 的心跳，则判定该 Data-Node 已经失效，会查询 Metadata 列表，找到失效的 Data-Node 中的数据块副本，重新复制到其他的 Data-Node 中。

第三节　并行运算框架 MapReduce

一、什么是 MapReduce

MapReduce 是 Apache 公司根据 Google 的论文《MapReduce：Simplified Data Processing on Large Clusters》而开发出来的一个大数据并行计算框架，其原理是将大规模数据集的操作分解为可以独立运行的子操作，将这些子操作分发给集群下的各个节点，从而达到高并发高效率的目的。MapReduce 是 Hadoop 体系中重要的并行计算架构，大数据的最终意义在于通过运算产生价值，从这种意义上说，MapReduce 是 Hadoop 的核心，Hadoop 体系中的其他组件如 HDFS 和 Hive 等都是为 MapReduce 服务的。

MapReduce 分为 Map 和 Reduce 两个阶段，Map 是分散并发进行计算的阶段，Reduce 则是将 Map 的结果进行汇总排序生成最终结果的阶段。要在 MapReduce 框架中实现 Map 和 Reduce 操作，用户需要自行编写 Map 函数和 Reduce 函数。

如图 2-5 所示，是一个最简单的 WordCount 示例，WordCount 的作用是统计一段文字中每个单词出现的次数，它展示了 MapReduce 的处理计算过程。该过程包括 Split、Map、Shuffle 和 Reduce 四个阶段。

Splite 是对待处理数据集进行分片的过程；Map 是在每一个分片上运行 wordcount 中 Map 函数的过程；Shuffle 是对 Map 结果按照 key 进行聚合的过程，这一过程涉及大量的节点间数据传输；Reduce 则是对 Shuffle 后的结果按

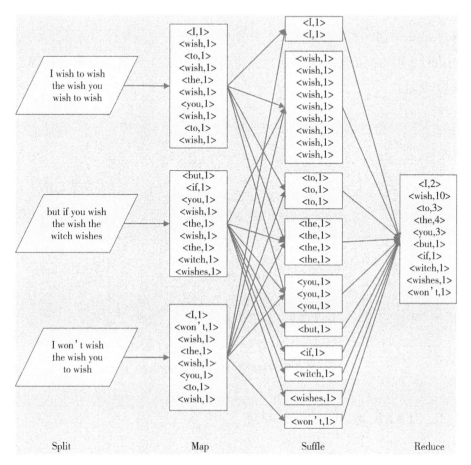

图 2-5 使用 MapReduce 框架执行 Wordcount 的过程

照 reduce 函数进行统计合并得到最终结果的过程。

　　和 HDFS 一样，MapReduce 也是 Master-Slave 架构，如图 2-6 所示，MapReduce 的基本架构由 Client、JobTracker、TaskTracker 组成。Client 负责将 Job 的应用程序（Application）和参数配置打包传递给 JobTracker。JobTracker 负责规划创建 Map 任务（Task）和 Reduce Task，并将其分发到 TaskTracker 中去执行，作业执行时，JobTracker 还负责监控 Task 的完成情况和资源使用

量信息，从而动态地调度任务和资源，保证每个任务都顺利完成。TaskTracker 周期性地上报本节点的任务运行情况、完成情况和资源使用情况，同时执行 JobTracker 发送的命令，启动和管理任务，根据节点资源情况限定任务并发度。

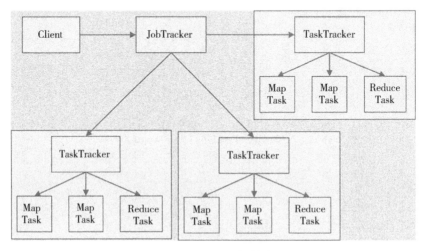

图 2-6　MapReduce 的基本架构

二、YARN 与 MapReduce2.0

Apache Hadoop YARN（Yet Another Resource Negotiator）是 2013 年发布的 Apache 资源管理平台。Apache 构建 YARN 主要是为了解决 MapReduce 框架在超大集群规模下执行运算时的性能瓶颈问题。

在 YARN 发布以前，MapReduce 在进行超大规模集群运算时可能出现难以预测的性能瓶颈，导致级联故障的可能性大大增加，恶化整个集群的健康状况，尤其是其 JobTracker 的性能恶化严重，会极大地影响整个集群的应用执行。

为了解决上述问题，YARN 将 JobTracker 进行了拆分，将其拆分为专职集群全局资源管理的 ResourceManager 和专职每个应用调度和监控的 ApplicationMaster。如图 2-7 所示，在一个集群内，ResourceManager 只有一个，使用一个存粹的资源调度器 Scheduler，在综合考量应用需求、集群容量、队列情况和各种其他因素的基础上，将 CPU、内存、磁盘、网络等资源打包为虚拟的资源包（Container）对象分配给 Application；而 ApplicationMaster 的多少则根据集群上运行应用的多少动态变化，一般来说，每个应用都对应一个专职的 ApplicationMaster，图中有两个应用，各对应一个 ApplicationMaster；每个工作节点上都有一个从属管理进程 NodeManager，用以执行建立资源 Container 的命令、启动计算任务、管控节点资源、监控任务运行情况并及时报告给 ResourceManager。ResourceManager、ApplicationMaster 和 NodeManager 协同工作，在统一资源调度的同时有效地分摊了原本由 JobTracker 单独承担的负载，

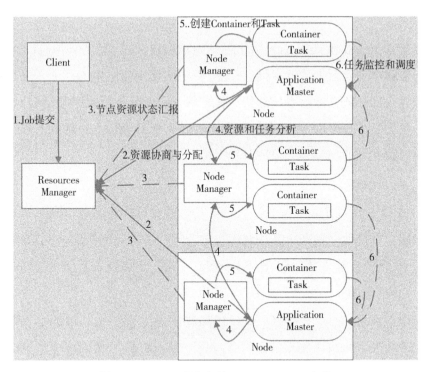

图 2-7　YARN 平台上的 MapReduce2. 0 架构

极大地提高了集群的稳定性（Donald Miner 等，MapReduce 设计模式）。

第四节　快速通用计算模型 Spark

一、什么是 Spark

Spark 是一个分布式集群的并行计算平台，其特点是在分布式计算过程中强调快速性和通用性。它最早由加州大学伯克利分校 AMP 实验室开发，开发初期作为一个大型的、低延迟的数据分析应用，后被 Apache 孵化后作为 Hadoop 生态系统的重要补充，用以解决 MapReduce 框架应用场景过于狭窄的问题。

相对于 MapReduce，Spark 优化了中间结果输出过程，MapReduce 的中间结果通常输出到磁盘上进行存储，Spark 将中间结果输出到内存中，仅在进行复杂运算时部分依赖磁盘系统的持久化支撑，因此其计算效率得以极大提升，在运行机器学习等多次迭代的计算程序时相对于 MapReduce 具备上百倍的性能优势。除此之外，Spark 还具有以下优点。

1. 易用性好

Spark 支持使用 Java、python、Scala 等语言编写计算函数，同时拥有自己的算法库，支持数十种高级算法调用，方便用户进行应用搭建。Spark 还支持 python、R 语言、Scala 和 SQL 的 Shell 交互，进一步增强了其用户友好性。

2. 通用性强

通用是 Spark 的一大优势，它可以应用于交互式查询、批处理、实时流计算、机器学习和图计算等领域，并可将不同类型的计算无缝统一于同一应用中，从而提供统一平台下的一体化解决方案，大大减少用户为开发、维护和部署所花费的人力物力成本。

3. 兼容性好

Saprk 内置有自身的资源管理和调度框架 Standalone，同时还支持 Hadoop Yarn 和 Apache Mesos 等资源管理调度器，因此适合在各类平台上进行部署。Spark 还能全面支持 Hadoop 中的数据资源，包括 HDFS、HBase 和 Cassandra 等，因此已经部署 Hadoop 的用户可以非常方便地兼容 Spark 计算模型。

Spark 包含一系列的组件，共同构成一个一体化的大数据解决方案，该方案全称伯克利数据分析线（BDAS），其主要组件有以下几个。

SparkCore：Saprk 核心组件，用以实现分布式数据抽象、任务调度、远程调用、序列化和压缩等 Spark 计算模型的核心功能。

SparkSql：Spark 用以处理结构化数据的组件，可支持 Hive、Json 等作为数据源，支持 SQL 语言查询。

SparkStreaming：Spark 的流计算组件，可以从 Kafka、HDFS、Flume 等不同数据源中获取数据流，按照时间对数据切分后进行批处理计算，随后将处理结果输出到 HDFS 或者数据库中，也支持将处理结果直接输出到图形监控界面中。

Mlib：Spark 内置的机器学习算法库。

GraphicX：Spark 的分布式图计算组件，支持 BSP 图计算模式。

BlinkDB：Spark 的交互式查询组件，可支持海量数据的近似查询。

Tachyon：Spark 自己的分布式文件系统，类似于 HDFS。

二、Spark 基本元素

1. RDD

弹性分布式数据集 RDD 是 Spark 最基本的抽象数据单元，其中的数据不可变、可分区、各分区可并行计算。RDD 是一个抽象概念，其中包含的数据可以分布在多个不同节点上。RDD 中包含多个分区（Patition），每个分区指向一个数据块（Block），因此分区是 RDD 运行并行计算 Task 的基本单元。RDD 中并不存储具体数据，而是存储每个分区的信息，需要时通过分区信息来定位和读取 Block。Spark 可以通过多种方式生成 RDD，包括读取本地文件系统、读取 Hadoop 数据集或者读取数据库等。RDD 是不可变的，只读，但是支持通过各类转化操作（Transformation）生成新的 RDD，因此 Spark 不需要立刻存储 RDD 转化过程中的中间数据，而只需要记录新的 RDD 和哪些 RDD 中的分区有关（依赖关系）以及通过哪些计算转化而来（计算函数），这样大大提高了计算效率，同时也保证了很强的弹性，如果某个 RDD 的存储节点出现故障，只需要重算一次其生成操作即可。

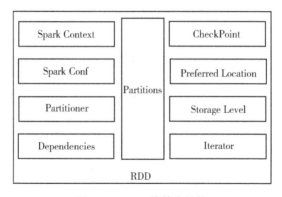

图 2-8　RDD 的基本结构

RDD 的基本结构如图 2-8 所示，Partitions 是 RDD 中的分区信息；Spark Conf 和 Spark Context 是 RDD 中 Spark 的管理功能模块；Partitioner 是 RDD 的分区函数，决定了分区的方式；Dependencies 记录 RDD 的依赖关系；Check Point 是 RDD 的快照，对于一些经常会被重复使用到的 RDD，Spark 可将其存储到高可用的共享存储系统（如 HDFS）中生成一个快照，Check Point 记录该快照的存储地址；Preferred Location 记录每个分区的最优位置，以便移动算法到最优位置进行计算；Storage Level 记录 RDD 的持久化存储级别，分为缓存、内存和磁盘等多种；Iterator 记录生成该 RDD 的计算函数。

2. 算子

RDD 支持的计算函数可以分解为两类基本的算子：Transformation 和 Action。Transformation 算子是对如何将 RDD 转化为另一个 RDD 的描述，该类算子具有延迟加载特性，其代码要遇到 Action 算子或者 Check point 时才会真正执行。Action 算子触发向 Spark Context 提交一个任务操作，该类算子会在 RDD 上计算出一个结果，并将结果返回给驱动程序或者保存在文件系统中。

常见的 Transformation 算子有逐元素转换的算子和集合运算的算子两类，逐元素的包括 map（　）算子、filter（　）算子、flatmap（　）算子等；集合算子包括 union（　）算子、intersection（　）算子、distinct（　）算子等。Transformation 算子还可以处理 Key-Value 类型的数据，常用的该类算子包括 groupByKey（　）算子、sortByKey（　）算子、join（　）算子等。常见的 Transformation 算子如表 2-1 所示。

表 2-1　常见的 Transformation 算子

算子	含义
map（func）	返回一个新的 RDD，该 RDD 由每一个输入元素经过 func 函数转换后组成
filter（func）	返回一个新的 RDD，该 RDD 由经过 func 函数计算后返回值为 true 的输入元素组成
flatMap（func）	类似于 map，但是每一个输入元素可以被映射为 0 或多个输出元素
mapPartitions（func）	类似于 map，但独立地在 RDD 的每一个分片上运行
mapPartitionsWithIndex（func）	类似于 map Partitions，但 func 带有一个整数参数表示分片的索引值
sample（withReplacement，fraction，seed）	根据 fraction 指定的比例对数据进行采样，可以选择是否使用随机数进行替换，seed 为随机数生成器种子
union（otherDataset）	对源 RDD 和参数 RDD 求并集后返回一个新的 RDD
intersection（otherDataset）	对源 RDD 和参数 RDD 求交集后返回一个新的 RDD
distinct（［numTasks］）	对源 RDD 进行去重后返回一个新的 RDD
groupByKey（［numTasks］）	在一个（K，V）的 RDD 上调用，返回一个（K，Iterator［V］）的 RDD

（续表）

算子	含义
reduceByKey（func，［numTasks］）	在一个（K，V）的 RDD 上调用，返回一个（K，V）的 RDD，使用指定的 reduce 函数，将相同 key 的值聚合到一起
aggregateByKey（zeroValue）（seqOp，combOp，［numTasks］）	先按分区聚合，再总的聚合，每次要跟初始值交流 例如，aggregateByKey（0）（_ +_ ，_ +_）对 k/y 的 RDD 进行操作
sortByKey（［ascending］，［numTasks］）	在一个（K，V）的 RDD 上调用，K 必须实现 Ordered 接口，返回一个按照 key 进行排序的（K，V）的 RDD
sortBy（func，［ascending］，［numTasks］）	与 sortByKey 类似，但是更灵活。第一个参数是根据什么排序；第二个是怎么排序，false 倒序；第三个排序后分区数，默认与原 RDD 一样
join（otherDataset，［numTasks］）	在类型为（K，V）和（K，W）的 RDD 上调用，返回一个相同 key 对应的所有元素对在一起的［K，（V，W）］的 RDD，相当于内连接（求交集）
cogroup（ otherDataset，［numTasks］）	在类型为（K，V）和（K，W）的 RDD 上调用，返回一个［K，（Iterable<V>，Iterable<W>）］类型的 RDD
cartesian（otherDataset）	两个 RDD 的笛卡尔积，生成很多个 K/V
pipe（command，［envVars］）	调用外部程序
coalesce（ numPartitions：Int，shuffle：Boolean = false）	重新分区。第一个参数是要分多少区，第二个参数是否 shuffle，默认 false。少分区变多分区 true，多分区变少分区 false
repartition（numPartitions）	重新分区。必须 shuffle，参数是要分多少区，少变多
repartitionAndSortWithinPartitions（partitioner）	重新分区+排序，比先分区再排序效率高，对 K/V 的 RDD 进行操作
foldByKey（zeroValue）（seqOp）	该函数用于 K/V 做折叠，合并处理，与 aggregate 类似，第一个括号的参数应用于每个 V 值，第二括号函数是聚合例如：_ +_
combineByKey	合并相同的 key 的值。rdd1. combineByKey［x => x，（a：Int，b：Int）=> a + b，（m：Int，n：Int）=> m + n］
partitionBy（partitioner）	对 RDD 进行分区。partitioner 是分区器，例如，new HashPartition（2）
cache	RDD 缓存，可以避免重复计算从而减少时间，区别：cache 内部调用了 persist 算子，cache 默认就一个缓存级别 MEMORY－ONLY，而 persist 则可以选择缓存级别
persist	
Subtract（rdd）	返回前 rdd 元素不在后 rdd 的 rdd

（续表）

算子	含义
leftOuterJoin	leftOuterJoin 类似于 SQL 中的左外关联 left outer join，返回结果以前面的 RDD 为主，关联不上的记录为空。只能用于两个 RDD 之间的关联，如果要多个 RDD 关联，多关联几次即可。
rightOuterJoin	rightOuterJoin 类似于 SQL 中的有外关联 right outer join，返回结果以参数中的 RDD 为主，关联不上的记录为空。只能用于两个 RDD 之间的关联，如果要多个 RDD 关联，多关联几次即可
subtractByKey	substractByKey 和基本转换操作中的 subtract 类似，只不过这里是针对 K 的，返回在主 RDD 中出现，并且不在 otherRDD 中出现的元素

常见的 Action 算子有 collect（　　）算子、count（　　）算子、take（　　）算子和 top（　　）算子等，具体见表 2-2。

表 2-2　常见的 Action 算子

算子	含义
reduce（*func*）	通过 func 函数聚集 RDD 中的所有元素，这个功能必须是可交换且可并联的
collect（　）	在驱动程序中，以数组的形式返回数据集的所有元素
count（　）	返回 RDD 的元素个数
first（　）	返回 RDD 的第一个元素（类似于 take（1））
take（*n*）	返回一个由数据集的前 n 个元素组成的数组
takeSample（*with Replacement*，*num*，［*seed*］）	返回一个数组，该数组由从数据集中随机采样的 num 个元素组成，可以选择是否用随机数替换不足的部分，seed 用于指定随机数生成器种子
takeOrdered（*n*，［*ordering*］）	返回基于所提供排序算法的前 n 个元素
saveAsTextFile（*path*）	将数据集的元素以 textfile 的形式保存到 HDFS 文件系统或者其他支持的文件系统，对于每个元素，Spark 将会调用 toString 方法，将它装换为文件中的文本
saveAsSequenceFile（*path*）	将数据集中的元素以 Hadoop sequencefile 的格式保存到指定的目录下，可以使 HDFS 或者其他 Hadoop 支持的文件系统
saveAsObjectFile（*path*）	存入制定路径的文件中
countByKey（　）	针对（K，V）类型的 RDD，返回一个（K，Int）的 map，表示每一个 key 对应的元素个数
foreach（*func*）	在数据集的每一个元素上，运行函数 func 进行更新

（续表）

算子	含义
aggregate	先对分区进行操作，再总体操作
top（num）	返回前几个元素

3. 依赖关系

每个 Transformation 操作都会生成一个新的 RDD，这导致 RDD 之间存在前后依赖关系。RDD 的依赖关系分为窄依赖和宽依赖两种。如果经过 Transformation 运算后父 RDD 的分区和子 RDD 的分区之间仅存在一对一或多对一的关系，则它们之间的依赖是窄依赖；如果父 RDD 的分区和子 RDD 的分区之间存在一对多或多对多的关系，则它们之间的依赖是宽依赖，宽依赖一定会产生 Shuffle 操作（关于什么是 Shuffle 操作，请查阅本章第三节）。Transformation 算子中，map（ ）、filter（ ）、union（ ）等算子产生窄依赖，而 groupByKey（ ）等算子则产生宽依赖，而 join 操作则既可能产生窄依赖又可能产生宽依赖。如图 2-9 所示，如果子 RDD 分区所依赖的父 RDD 分区的个数不会随着数据集规模的扩大而扩大，则该依赖为窄依赖，否则为宽依赖，宽依赖会导致 shuffle 操作成本随着数据集的增长而指数增大。

4. Stage 划分

Spark 会根据 RDD 之间的依赖关系类型将 RDD 的转化过程（一般认为是一个有向无环图）划分为不同的阶段（Stage），其划分原则为，从后往前，遇到宽依赖就断开，后面划出一个 Stage，连续多个窄依赖放入一个 Stage，这是因为窄依赖的分区间关系是确定的，所以多个窄依赖可以在一个线程中进行处理，而对于宽依赖，只有在父 RDD 的 shuffle 操作完成后才能继续进行。

如图 2-10 所示，RDD3、RDD4、RDD5、RDD6 之间是窄依赖，所以划分在一个 Stage 中，因为 groupBy 算子生成宽依赖，所以 RDD1 是一个单独的 Stage，最后的 join 操作生成宽依赖，因此生成 RDD7 的过程单独为一个

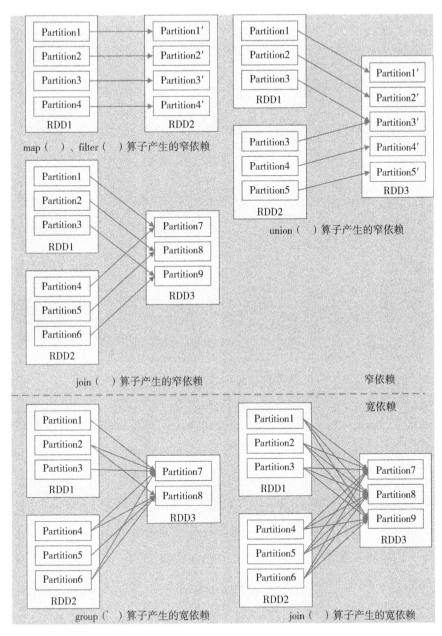

图 2-9　**RDD** 之间的窄依赖和宽依赖

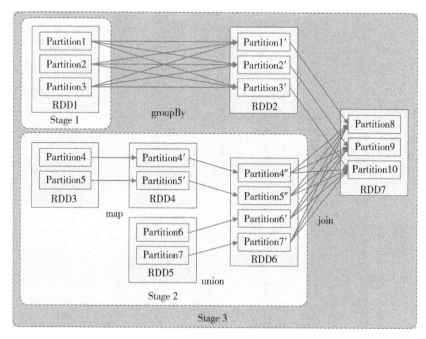

图 2-10 **Spark** 的 **Stage** 划分

Stage。每个 Stage 都包含多个任务（task），stage 中的 task 数量等于其最后一个 RDD 中的 Partition 数量，Spark 中的 task 分为 ShuffleMapTask 和 ResultTask 两类，一个有向无环图，最后一个 Stage 的结果 RDD 中每个 Partition 对应一个 ResultTask，而前面所有 Stage 的最后一个 RDD 中每个 Partition 对应一个 ShuffleMapTask。图 2-10 中 Stage1 和 Stage2 中的 ShuffleMapTask 类似于 MapReduce 中的 Map 操作，而 Stage3 中的 ResultTask 相当于 MapReduce 中的 Reduce 操作。

三、**Spark** 的运行流程

Spark 可以在 YARN 集群上运行也可以基于其自带的 Standalone 资源管理

框架。实际应用中，Spark 往往需要和 MapReduce 和 Storm 框架共同工作，所以通常工作在 YARN 集群上。本节我们主要介绍 Spark 在 YARN 上的运行流程（Bill Chambers 等，Spark 权威指南）。

首先介绍几个重要的逻辑概念。

Application：Spark 用户编写的计算程序，每个 Application 中一定包含一个 Driver 和若干个 Executor。其中 Driver 是 Application 中的驱动模块，负责创建和管理 SparkContext，而 SparkContext 则负责资源申请以及任务的调度和监控；Executor 则运行在具体执行计算的节点（Worker）上，负责运行 Task，并负责在内存或磁盘中对运算结果做持久化处理，Executor 能够运行的 Task 数量一般取决于分配给其的 CPU 资源个数。在 YARN 集群下，Worker 就是 NodeManager 节点，Worker 中的 Executor 进程名称是 CoarseGrainedExecutor-Backend。

Job：包含多个 Task 的并行计算，由 RDD 的 Action 算子触发。

DAGScheduler：负责根据 Job 构建有向无环图（DAG），将 DAG 中的 Stage 提供给 TaskScheduler，并在 Task 执行成功、失败和重提交时负责相应的任务计数和状态管控。

TaskScheduler：负责将 Task 提交给 Worker 集群，维护 Task 列表，调度资源给 Task 使用，监控和处理部分 Task 状态。

Spark 在 YARN 集群上有两种运行模式：YARN-Client 和 YARN-Cluster。二者的区别在于 Driver 运行的位置不同，YARN-Client 模式下，Driver 运行在 Client 上，Client 全程参与 Job 运行，而在 YARN-Cluster 模式下，Driver 运行在 Application Master 进程中，Client 提交作业后就不再参与计算，可以直接退出。因此 YARN-Client 模式用来处理需要和用户进行交互的作业，而 YARN-Clust 模式则用来处理需要长时间自动运算的作业。

如图 2-11 所示，Spark 的 YARN-Client 运行模式分为以下九个步骤。

（1）Spark Client 向 ResourceManager 申请建立 Application Master，同时

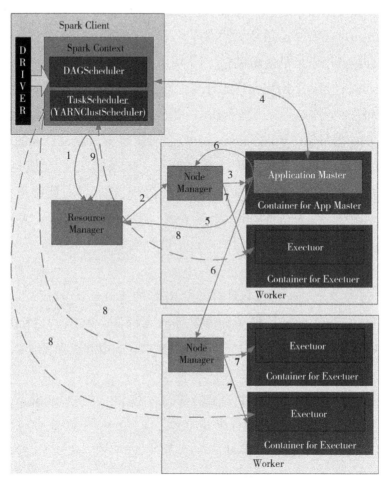

图 2-11　**Spark 的 YARN-Client 运行模式**

Driver 初始化 SparkContext，建立 DAGScheduler 和 TaskScheduler。

（2）Resource Manager 选择一个 NodeManager，分配相应资源，通知它建立 ApplicationMaster。

（3）NodeManager 建立 ApplicationMaster 并初始化。

（4）ApplicationMaster 和 DAGScheduler 通信，获取任务资源需求。

（5）ApplicationMaster 向 ResourceManager 申请任务资源并获得资源反馈和相应的 NodeManager 列表。

（6）ApplicationMaster 与各 NodeManager 通信，通知建立 Container。

（7）NodeManager 建立 Container 并初始化 Executor。

（8）TaskScheduler 分配任务并监控 Executor 的执行情况，并上报 DAG-Scheduler。

（9）DAGScheduler 确认任务全部执行完毕后上报 SparkContext，Spark-

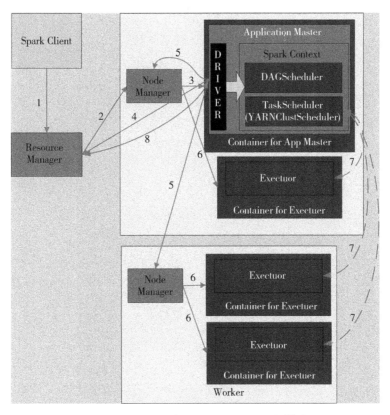

图 2-12 Spark 的 YARN-Cluster 运行模式

Context 向 ResourceManager 申请注销任务资源。

如图 2-12 所示，YARN-Cluster 模式中，SparkContext 及其中的 DAG-Scheduler 和 TaskScheduler 的功能由 ApplicationMaster 负责运行，Client 提交任务申请后即可退出，由 ApplicationMaster 接手剩余的全部操作。

第三章　农业大数据的概念和内涵

经过多年的建设，我国农业大数据的发展已经初具规模，国务院 2015 年发布了《促进大数据发展行动纲要》，农业大数据应用是主要任务之一。在贵阳建成国内首个农业大数据交易中心，交易中心汇聚了国内的农业生产和管理数据以及农产品市场和物流等百种数据，初步形成了农业大数据聚合体制，通过数据汇聚和交易来营造良好的农业大数据应用生态圈（谢江林，2015）。2016 年农业农村部开展农业农村大数据试点，在全国范围内建设 8 个品种的全产业链大数据，并利用大数据及其挖掘分析结果引导市场预期和指导农业生产（张卫，2016）。海量数据已成为各种决策的基础，精准数据驱动的决策极大地提高了政府的管理能力和企业的管理水平，并逐步推动了农业从分散发展向精准化和智能化转变。

第一节　农业大数据的概念

农业是一个具有半自然半人工特点的复合生态系统，农业大数据就是产生于这样一个农业复杂系统的数据，同样的，它具有大数据应该具有的一切特点。

农业种植中，株行距的改变，播种时种子埋藏深度的改变，都会极大地影响作物的产量，在农业生产中，一个小小的差距，都有可能造成巨大的产量差异。

在这样一个我们对它的了解较少、并且数字化程度很低的系统中，具有太多我们不了解的现象，不了解的事实。不幸的是，我们不知道我们不知道什么，我们试图了解这样的系统，但是这个系统是这么的复杂，牵一发而动全身，远非单纯的线性系统可以描述。幸运的是，新的信息技术不断涌现，为我们了解这个我们生活在其中的依然陌生的系统提供了新的工具，何其幸运！

农业大数据是近年来，多个技术跨行业交叉产生的一个世界范围内广为流行的短语。它从庞大的数据源中收集数据，并将其转化为具有较好操作性的信息，以便改进业务流程，并以一定规模和速度深入解决实际的问题。

农业是一个复杂的行业，农民以及农业企业每天必须做出大量的决策，复杂的农业条件迫使农民和农业企业使用其可以获得任何信息，试图帮助农民做出关键的农业决策。大数据一直是农业进步的关键推动因素，农民和农业企业正在以最有效的方式，利用他们掌握的资源来获得最大的收益。

鉴于大数据分析在农场可以获得巨大潜在的收益，农民及其各种服务提供商使用了一些不同的大数据技术。

在硬件方面，主要有收集数据的各种传感器，包括地面测量土壤水分和营养密度的设备，可以测量作物产量的部署在拖拉机上的各种装置，气象站，用于捕获图像的卫星及无人机，进行土地和作物健康的测量。

软件方面，主要进行数据的收集、处理和分析，并将消费者的意见反馈给农民。软件使用的数据来源于上述描述的硬件，数据由农民或者企业拥有，否则，就使用农民、第三方组织或者地方政府提供的公共数据。

数据分析或者展示的方式依据不同的软件平台而异，现在大多数的程序可以通过计算机、平板和智能手机访问，经常会以自定义的仪表板展现所跟踪的多种数据。

软件可以帮助农民做出的决策包括依据土壤湿度、天气预报和作物健康状况，决定什么时间怎么灌溉；基于产量和气象数据进行种植和收获决策；基于土壤密度因子制定施肥的方案，以便农民通过节约化肥的使用，提高种植的效益。大数据分析还可以有助于在特定的场景为农民预警，如病虫害侵染、干旱等，可以有效降低对人工监测的需求。随着农业用工的日益紧张，大数据分析可以有效地降低对人工的需求，从而对大规模的人工密集型农业产生规模化的效益。

大数据对提高农业效率的机会是永无止境的，但是，同时也面对挑战。挑战之一是，如何收集与农民相关的信息，目前具体的农业工作中，大多数的农民依旧使用传统的纸笔，或者是 Excel 表格，说服农民使用大数据系统，对于大数据公司将是一个巨大的挑战，对于农民则要做出很难的适应。另一个挑战是，目前的大数据系统多是针对大型的企业运作的，将来，大数据系统如何同时满足大型农业企业和中小规模农户的需求？数据的隐私问题是农业大数据难以规避的问题，目前还缺乏具体的法律来明确农业大数据的隐私问题，在未来的具体实践中，可能对农业大数据的应用产生很大的影响。

第二节　农业大数据的特征

农业大数据具有大数据的普遍性，具有大数据的四大特征。此外，农业大数据由于自身产业的特点，具有一些自身特色。

农业大数据来源于农业产业的生产管理和科学研究的实践活动，目前，这样的一个链条的构成，生产和管理依旧占有重要的位置。在未来的发展中，生产由于自动化、信息化、智能化的驱动，在农业产业中的比重将越来越低，农业从土地驱动、能源驱动、服务驱动向数据驱动发展，农业物联网的完善构建，将链条网络化，大大缩短了产业链条，通过产业融合，打通了产业的壁垒与界限，农业作为信息化的洼地，会快速获得其他产业的投资溢出，并转换为新兴的农业产业业态，成为投资的增长点。

目前，农业对象数据获取的主要手段是遥感技术，可以获取动植物、病虫害、地形、气象等多方面的数据，但是，这些数据是成规模的数据，是中观以上规模的数据，无法满足对农业精细化管理的需求。卫星采集的数据也无法直接服务于农业的生产和管理过程，主要是因为农业的机械化、信息化程度低，物联网建设落后，数据难以得到实时共享和高效利用。因此，目前农业大数据处于农业大数据建设的前期，要提高农业大数据的利用效率，就要多种措施并举，积极建设农业数据节点（农业传感器的开发与应用）的同时，大力构建农业天地空一体的农业物联网，为农业大数据的建设构建道路与桥梁，另外，要大力建设农业大数据中心，加强数据智能节点的建设，为农业大数据的应用，奠定基础支撑。

农业大数据与其他产业相比，具有鲜明的个性，大农业的主要对象是生物体，主要是动植物和微生物，围绕其组织生产，得到人们希望的农产品，满足人们生活的需要，包括物质生活和精神生活多个层面的需求。生物的生产，涉及生产对象和环境。这样的一个生产系统呈现出多样性，每个对象个体差异巨大，一棵蔬菜就是一个巨大的数据载体，要完全掌握农业系统中的数据，必然是巨大的，生物的生命过程是一个连续的过程，要做到连续的监测，就要不断地跟踪，形成的数据体量是难以想象的。

农业大数据包括了生命数据、地理数据、气象数据、管理数据、物流数据、销售数据和消费者评价数据，如果能打通农业大数据与个性化医疗数据，如可以提供不同食物对于人体影响的数据等。

因此，农业大数据的特点具有来源广泛，数据类型复杂，数据量大等特点，由于目前传感器主要的是工业传感器，针对动植物和微生物开发的传感器很少，造成了生命数据少，气象数据颗粒粗，对作物生产管理的精度不足，因此，农业大数据的另一特点就是数据获取困难。

第三节 农业大数据的类型和价值

一、农业大数据的类型

根据农业的产业链条划分，目前农业大数据主要集中在农业自然资源与环境、农业生产、农业市场和农业管理等领域。

农业自然资源与环境数据：主要包括土地资源数据、水资源数据、气象资源数据、生物资源数据和灾害数据。

农业生产数据：包括种植业生产数据和养殖业生产数据。其中，种植业生产数据包括良种信息、地块耕种历史信息、育苗信息、播种信息、农药信息、化肥信息、农膜信息、灌溉信息、农机信息和农情信息；养殖业生产数据主要包括个体系谱信息、个体特征信息、饲料结构信息、圈舍环境信息和疫情情况等。目前，广西慧云信息所做的农业大数据主要是在种植方面，其智慧农业云平台可以自动采集农田数据以及实时视频，通过云端发送到用户手机上，用户可以直观快速准确了解农田情况，为农业生产带来了便利与高效。

农业市场数据：包括市场供求信息、价格行情、生产资料市场信息、价格及利润、流通市场和国际市场信息等。

农业管理数据：主要包括国民经济基本信息、国内生产信息、贸易信息、国际农产品动态信息和突发事件信息等。

二、农业大数据的价值

什么是大数据的价值，一千个人会有一千种看法，虽有千言万语也难以说得清，道得明。在商的言商，从政的说政，大数据的价值就是大数据的功用，不同立场的人，肯定会有不同的解释和演绎。

目前，通常的说法是，大数据本身没有价值，大数据的价值在于分析。这肯定是一种有问题的说法。大数据肯定是有价值的，但是，它的价值究竟是什么，要靠人们去发现。就像是一座巨大的金矿，他就在某个地方，静静地等待你的发现，你没有发现他，不等于他不在那里，他存在这是不可否认的事实。当然，对于没有发现他的人来说，确实是有等同于无。

大数据的价值体现在他的大，大的含义是什么？信息处理一般的流程是，数据的获取、存储、分析和展现共四个过程，涉及数据的获取、通信、存储、计算和可视化等技术，在信息化的过程中，各个行业都不断产生了大量的数据，当这些技术成为处理数据过程中的瓶颈时，这些数据对于系统来说就是庞大的难以处理的数据，此为大数据。大数据（Big Data）是指"无法用现有的软件工具提取、存储、搜索、共享、分析和处理的海量的、复杂的数据集合"。

大数据之所以大，可以用四个特征来概括，数据体量巨大（Volume），数据种类繁多（Variety），价值密度低（Value），处理速度快（Velocity）。只要数据拥有了其中的一个特征，就可以称为大数据。但是，一般地，大数据会同时拥有以上数个特征。

大数据的形成，离不开各行各业信息化的蓬勃发展，根据中国国家统计局的划分，我国产业分为三大类，农业（包括林业、牧业和渔业等）为第一产业，工业和建筑业为第二产业，第一和第二产业以外的统称为第三产业，主要是服务行业，包括服务部门和流通部门。目前在三个产业中，第三产业依据自身的优势，发展迅速，第二产业依靠强大的工业化和自动化基础，提出了工业4.0的发展蓝图，许多国家制定了相应的政策。第一产业发展相对滞后。主要的原因是第一产业大数据的来源和类型主要为传统企业数据、机器和传感器数据，以及社交媒体数据，相对于第二产业和第三产业，第一产业是一个长周期行业，数据积累相对缓慢，企业化程度低，个体小户在世界各个国家中，占有较大的份额。另外，农业产品的利润较低，机械化、信息化程度较低，传感器较少，数据来源不足；并且，农业由于利润较低，风险较高，在日常生活中缺乏关注，在社交媒体中，很难持续形成热点，因此，社交媒体的数据较少。以上种种，使得农业大数据处于发展劣势。

农业大数据通过数据驱动的方式，发现农业产业问题的解决方案，满足农业产业发展需求，其核心是农业产业数据的集成，适宜的数据集成，可以为农业产业发展提供解决方案，为农业问题决策提供洞察，为农业产业服务，为产业发展护航。

第四节　农业大数据的应用领域

农业大数据对农业的影响将会是颠覆性的，农业大数据的建成之日，就是物联网的沟通之时，彼时，农业产业将与其他产业极大地融合，农业土地利用率被极大地提升，传统农业在现代农业中的比重极大地降低，农产品加工业和食品工业会获得空前发展，高度工业化的动植物工厂将会替代土地，承担粮食生产的主力军角色。大量的传统农业用地，将变成人们文化休闲、生命体验、旅游观光的重要场所，人与自然的和谐发展成为社会发展的主旋律，世界粮食问题在世界能源问题得到破解后，不再成为阻碍人类生存发展的主要因素。

农业大数据的应用，有助于破解生命的奥秘，特种农业动植物品种的培育，大大提高能源转化率，得到粮食高产的能力；对于农业生态系统的深刻理解，有助于构建友好的农业生态系统，增加系统的稳定性，提高粮食稳产的能力。

为什么数据驱动的农业能够增加农产品的产量，提高其利润？

来自世界各地的科学家、研究人员、企业人员和政府工作人员，齐聚国际半干旱地区热带作物研究所（ICRISAT）举行的一次国际会议，讨论如何保证现代创新和数字化农业可以提高资源贫瘠的农民的生产能力和收益能力。

科学不仅仅要能够提高农业的产出和抗虫性，还应该能够提高农民获取信息的能力，考虑什么时候播种、使用多少化肥？考虑影响当地生态和气象因子变化的其他因素。能够获得这样的信息，有助于农民提高其收入的能力。一方面，要确保农民在正确的时间获取这些信息就必须确保必要的数据积累，以及后续的数据分析的能力。因此，在农业中，提高智能信息系统和大数据的应用至关重要。另一方面，是要加强大数据的管理，以便解决农业发展中的问题，实现农业可持续发展的目标。

高产量基因分型，不仅可以了解作物遗传多样性，而且还能够对主要粮食作物进行排序。表型问题的研究，有助于准确跟踪水分，以精确的方式捕获光合作用，因此，可以研究优化水资源生物质积累、绿色生产和根系稳定问题，确保可以设计出一个优化的作物，使得我们可以实现水分管理以便抵御地球的干旱，这个问题正变得越来越重要。基于大数据计算方法，可以实现以显著的准确性将表现型和基因型相关联的可能性，技术可以提高育种的能力。例如，微软与 ICRISAT 及安得拉邦政府合作开发了新的播种程序。该应用程序旨在向农民咨询土壤健康、化肥推荐和 7 天天气预报。该程序的运行建立在特定地区的天气和生态数据的预测模型之上，目前该程序还处于试运行阶段。

大数据农业，将从提供天气预报、农业机械实时优化、云托管农民信息资源、自动灌溉建议、粮食价格监测等方面发挥重要作用，并使用基于移动技术的库存和预算进行管理。基于高精度的天气预报和实时现场数据的灌溉调度也将得到优化决策，从而减少对资源的浪费。在移动平台上获得这样的预测，甚至可以让农民随时随地作出决定。事实上，美国已经在运行基于云的农业信息系统，使用天气测量和土壤观察来预测未来 7 天的天气。投资农具不足以应对粮食短缺的问题，带式投资大数据就不仅可以跟踪和优化收成，而且可以直接提高粮食的产量。现代数据技术的变革，将使得农民生产出更好的农产品。利用作物历史数据，农民可以更好地预测潜在的产量。利用大数据,农民可以实时地统计本地价格和物流成本,得到最优惠的价格,过去要花几天时间做的工作,现在只要几分钟就可以搞定。因此,大数据不仅仅适用于农业生产的过程,也可以适用于产品交付给最终客户的过程。例如,印度的 IT 服务公司,就开发了食品集装箱监控系统,监测集装箱的温度、湿度和含氧量等数据,以便监测和保持农产品的质量。

从目前的农业大数据发展趋势看,农业大数据的影响,主要在以下六个方面。

1. 农业大数据可以加速农业育种过程

在农业科研环节,农业大数据的应用,特别是基因型数据和表型数据的应用,结合环境数据,以及与农业环境模拟系统的结合,会大大地缩短农业品种的育种过程。

2. 促进精准农业的发展

体现在农业生产过程中,以智慧农业的形式表现,通过综合应用广义 3S 技术,指导农业生产,实现生产过程投入物、生产过程和产出的准确管理,实现节能增效,提高生产效率。如变量施肥、变量播种等。

3. 实现农产品追溯

农业大数据应用的基础,是农业全过程的数据采集的实现,全过程数据的记录,为产品的追溯提供了数据基础,是农产品追溯实现的基础。追溯系统的构建,为农业安全生产提供了技术支撑。

4. 重组农产品供应链

农产品供应涉及众多的参与方,从采购、仓储、物流、销售到客户管理,大数据的参与,可以将供应链与生产链打通,将客户群细化,针对客户需求进行细致的营销策略,增加营收,降低成本,提高效率。

5. 实现农业精准决策

大数据的参与,使得决策者对于整个农业产业链有个清晰的了解,有助于提出相应的策略，调整整个系统的参数，影响系统的运行，保证农业系统可以健康运行。

6. 农产品监测预警

农产品监测预警是现代农业稳定发展的重要基础，大数据是做好监测预警工作的基础支撑（许世卫，2014）。在农业大数据支撑下，农业监测信息已从样本向总体延伸，从农业单一环节向全产业链扩展，预警周期也由中长期向短期扩展，预警范围从全国范围向具体区域深化（许世卫，2015）。中国农业科学院农业信息研究所积极开展大数据驱动的市场监测预警研究和实践，自 2014 年开始每年定期召开展望大会和发布中国农业展望报告（许世卫，2018）。国内其他单位开发的各类监测预警系统也不少，如食物保障预警系统和市场分析与监测系统等。

第四章　农业大数据技术与系统

农业大数据已成为现代农业新型资源要素，农业大数据技术研发已成为现代农业重要的创新方向，本章对农业大数据的采集、存储、挖掘分析、可视化四个方面的技术与系统进行了梳理。

第一节　农业大数据的采集

采集是农业大数据价值挖掘最重要的一环，其后的存储、挖掘分析、可视化都构建于采集的基础。农业大数据采集所应用的主要技术有遥感技术（RS）和全球卫星导航系统（GNSS）技术等。

一、农业大数据的采集技术

1. 运用遥感技术对农业大数据采集技术

遥感一词来源于英语"Remote Sensing"，中文直译为"遥远的感知"，"Remote Sensing"最初于1960年由美国的Evelyn L. Pruitt提出，于1962年在美国召开的"环境科学遥感研讨会"上正式引用。

地球上任何物体都有不同的电磁波反射或辐射特征。遥感就是探测地表物体对电磁波的反射和其发射的电磁波，对目标进行探测和识别的技术。运用遥感技术对农业大数据采集包含作物产量数据采集、农作物水分数据采集、农作物病虫害数据采集等。

通过遥感光谱技术获取农作物参数进行大范围的农作物产量估算，可以为国家和区域发展提供重要的基础信息，在确保国家粮食安全和调整种植业结构等方面具有重要意义（吴炳方，2004）。作物产量数据采集运用遥感技术的原理是每种作物具有不同的光谱特征，而光谱特征是由其形态学特征和化学成分所决定的，且与其发育、生长条件相关。高光谱分辨率、超多波段的农作物图像数据可直接获取叶面积指数、生物量等生物物理参量，同时减少土壤等背景的影响。通过遥感技术能够准确获取某一地区农作物的光谱特征，识别农作物类型，监测作物长势，再对获取的遥感图像数据进行分析可得出该农作物具体的播种面积，然后可以估算该地区的粮食产量。

水分是农作物种植时的关键因素，含水量的变化会影响作物对氮的利用以及叶片碳交换速率，从而对农作物的产量和品质造成直接影响。在我国因各地的自然气侯不同，一些地区降水量过多，容易发生水灾，一些地区却降水量较少，容易出现旱灾。叶片中的水分含量与叶片反射率有着密切联系，叶片中的水分对叶片光谱的贡献包括叶片含水量对入射光谱辐射的吸收和叶片细胞因含水量变化膨胀或收缩从而改变光在叶片内的多次散射特性。利用遥感技术，获取叶片含水量数据，可及时对农作物进行补水或排水。

通过遥感技术可得到农作物病虫害的数据。健康的农作物不论品种、养分状况、发育阶段、所处地理位置总有规则地反射光谱曲线，且这种曲线的总体特征是一致的。而受到病虫害侵害的农作物，会产生外部形态和内部生理的变化，从而使农作物遥感图像的光谱值发生变化。再对获取的遥感图像数据进行分析，从而得到农作物病虫害的数据。

2. 运用卫星导航系统对农业大数据采集技术

全球卫星导航系统（GNSS）是一种空间无线电定位系统，全球4大卫星导航系统供应商，包括美国的全球定位系统（GPS）、俄罗斯的格洛纳斯卫星导航系统（GLONASS）、欧盟的伽利略卫星导航系统（Galileo）和中国的北斗卫星导航系统（BDS）。GNSS 可 24 小时为用户提供三维位置、时间、速度信息。精细农业需要获取每个地块的土壤、农作物信息，针对每个地块的具体情况进行施肥和灌溉；从而提高产量降低化肥使用量。将 GNSS 系统应用于获取土壤、农作物信息，可以有效提升农业生产水平。

全球定位系统（GPS）是世界上第一个建立并用于导航定位的全球系统，其原理是利用导航卫星完成对地面上物体距离的检测和定位。通过 GPS 设备的测绘功能，可获取农田边界、道路等地物的空间位置数据。农田面积如果是不规则的形状，通过传统皮尺测量难以得到准确数据。

北斗卫星导航系统（BDS）由空间端、地面端及用户端三大部分构成，系统具体作业流程：①中心管控系统对分属卫星发出询问讯号，经由转发器对服务区域内的用户进行广播。卫星获取到响应讯号后传输回中心控制系统。中心系统接收并解调用户传输的讯号，再按照他们的申请作出及时的数据操作。②中央控制系统由储存在电子设备内部的智能化地形图搜索到用户的高程值，最终将计算得出的用户三维坐标经加密处理后传输至用户（郑巍，2020）。

农民手持 GPS 或 BDS 接收设备围绕农田走一圈，采集农田边界的数据点，便可实现对农田边界位置的限定，并且仪器能快速自动记算所围绕地块的面积及位置数据。

使用 GPS 或 BDS 设备配合进行土壤采样。通过土壤采样可以获取土壤养分分布情况，为科学施肥提供依据，实现肥料使用效率的最大化。

土壤采样车配备 GPS 或 BDS 设备在农田中采集土壤样本，设备可记录采样点位置信息，获取后的土壤样本经过实验室养分分析可制成相应的土壤养分分析地图。

二、农业大数据的采集系统应用

运用遥感技术对农业大数据采集的系统应用

（1）全球农情遥感速报系统（CropWatch）

根据中国科学院遥感与数字地球研究所数字农业研究室网站介绍，全球农情遥感速报系统（CropWatch）自 1998 年创立以来，已成为全球领先的农情遥感监测系统。CropWatch 科学团队隶属于中国科学院遥感与数字地球研究所，其建立的基于遥感和地面观测数据的农情监测系统，可以独立评估国家及全球尺度的作物长势、产量等相关信息。全球农情遥感速报按季度发布中英文双语报告。

CropWatch 全球农情遥感监测的层次结构分析方法在不同空间尺度上使用了不同的环境因子及农业监测指标，利用综合信息评估全球、区域以及国家（部分达省/州级别）的作物长势、产量和农业变化趋势。

分析涵盖了以下四个层次。

全球尺度——输入参数包括降雨、气温、有效光合辐射以及潜在生物量。该尺度上的产出为 60 个农业生态区划的环境因子分析。

区域尺度——输入参数包括植被健康指数、未耕作耕地比例、复种指数，以及生长季内的最大植被状态指数。产出为 6 个作物主产区的农业种植模式、耕地利用强度以及生物量变化趋势分析。

国家尺度——输入参数包含 NDVI、作物种植面积以及时间序列聚类指标。产出为占全球大宗作物总产量 80% 以上的 31 个粮食主产国（含中国）的耕地利用强度、作物长势、单产及总产信息。

省/州尺度——对于面积较大国家进行更细尺度上的分析。例如，在中国主要省市，增加了作物种植结构分析。该层次的产出与国家尺度的产出相似，但分析更为详尽。

（2）北斗卫星导航系统对农业大数据采集应用

基于北斗卫星导航系统对农业大数据采集应用，至今已在我国的新疆、内蒙古、黑龙江、吉林、辽宁等十多个省（区、市）展开，这不但节省了人力，还可以提高土地利用率。

以北斗导航拖拉机自动驾驶为例，与传统农机相比，拖拉机头不受光线限制，农机驾驶员操作时不用操作方向盘只需要踩油门和刹车，降低了劳动强度，实现了舒适化操作，并且可实现 24 小时不间断播种，农机工作效率大幅提升。北斗卫星导航自动驾驶拖拉机保障作业质量，作业后的田块接行准确，播行直，出苗整齐，密度精确。

以水稻直播为例，均匀和精准都是水稻直播的关键。传统的播撒工作是由人工完成，费时费力且存在播撒不均匀的问题。基于 RTK 厘米级精准定位及北斗导航系统，农业无人机可以将种子均匀、精准地喷射进泥土浅表层。与传统直播机相比，农业无人机播撒的种子扎根更深，根系更发达，出苗率更高，抗倒伏能力更强，水稻生长均匀更利于透风采光，减少病虫害的发生，水稻质量与产量比传统播撒高。

人在田头，只用在北斗导航系统移动终端上输入各项参数，无人机就可以实现精准精量施药，在减少农药使用量的同时，保护农民自身安全，节省人工，提高效率。

（3）植被病虫害遥感监测与预测系统

中国科学院空天信息创新研究院对外发布的植被病虫害遥感监测与预测系统（http：//www. rscropmap. com），汇聚了多源、多尺度、多模式海量地球大数据，涵盖了植被参数反演、病虫生境监测、灾害识别与早期预警、农牧业损失评估等功能模块，生产了农田、森林、草地等重大病虫害监测与预测产品，实现了涵盖农田、森林、草地的植被病虫害监测与预测服务。

第二节　农业大数据的存储

一、农业大数据的存储技术

农业大数据的存储通常采用一般大数据存储技术，可采用分布式文件系统（HDFS）和云存储等。最新的区块链技术为农业大数据的存储提供了新的可行的去中心化技术。

分布式文件系统 HDFS 所用技术已在前章介绍，本章不再重复。云存储作为一种新兴的网络存储手段，具有效率高、成本低、多应用环境以及高安全性的特点。云存储是指通过分布式文件系统、集群应用、网格技术等功能，通过应用软件集合网络中大量各种不同类型的存储设备协同工作，对外提供数据存储和业务访问的系统。云存储应用于农业大数据存储的优势在于无论何时何地，科研人员都可以把最新数据存储在云端，也可以实时获取其他地域的最新数据。在使用如育种决策系统等分析系统对农业大数据进行处理时，能带来更可靠的分析结果，便于做出正确的决策。

云存储系统是一个多技术协同工作的集合体，所用到的技术有：宽带网络技术、Web2.0 技术、应用存储技术、集群技术和网格技术与分布式文件系统、数据压缩技术、重复数据删除技术、数据加密技术、CDN 内容分发、P2P 技术、存储虚拟化技术和存储网络化管理技术等。

区块链本质上是一个去中心化的数据库，通过去中心化和去信任的方式集体维护一个可靠数据库的技术方案。区块链技术具有以下特征。

1. 去中心化

去中心化是区块链最突出、最本质的特征。区块链技术不依赖硬件设施和额外的第三方管理机构，没有中心管制，除了自成一体的区块链本身，通过分布式存储和核算，各个节点实现信息自我验证、传递和管理。

2. 开放性

区块链技术是开源技术，区块链的数据对所有人开放，除了交易各方的私有信息被加密外，每个人都可以通过公开的接口查询开发相关应用及区块链数据，因此整个系统信息高度透明。

3. 安全性

只要没有掌控全部数据节点的51%，就无法操控修改网络数据，这使区块链本身变得相对安全，避免主观人为的数据变更。

4. 独立性

基于协商一致的协议和规范（比特币采用的哈希算法等各类数学算法），整个区块链系统不依赖于其他第三方，所有节点能够在系统内自动地安全地验证、交换数据，不需要人为干预。

5. 匿名性

单从技术上来讲，除非有法律规范要求，各区块节点的身份信息不需要公开或验证，信息传递可以实时匿名进行。

二、农业大数据的存储系统应用

1. 国内外农业大数据存储系统

（1）统计粮农组织统计数据库（FAOSTAT）

粮农组织统计数据库（FAOSTAT）为245多个国家以及地区提供免费的粮食和农业数据，其涵盖了所有粮农组织（FAO）区域各组自1961年以来至最近可获取的所有数据，其中包括人口、投资、农业环境、土地利用、林业生产量、贸易、价格、食品收支、粮食安全等方面的统计数据。

（2）基因银行（GeneBank）数据库

GenBank数据库是1982年由美国国立生物技术信息中心（NCBI）建立并维护的综合性序列数据库，保存有超过7万个物种的DNA序列记录数据。

（3）国家农业科学数据中心

国家农业科学数据中心，依托中国农业科学院农业信息研究所建设起步于 1999 年科技部资助的"农业科技推广数据库"项目，于 2019 年 6 月中华人民共和国科学技术部和中华人民共和国财政部联合发文（国科发基〔2019〕194 号），被认定为 20 个国家科学数据中心之一。经过近 21 年的积累与发展，国家农业科学数据中心整合了作物科学、动物科学与动物医学、农业区划科学、草地与草业科学、渔业与水产科学、热带作物科学、农业科技基础、农业微生物科学、农业资源与环境科学、农业生物技术与生物安全、食品工程与农业质量标准、农业信息与科技发展十二大类核心学科的农业科学数据资源。同时，中心还汇聚了农业长期观测监测科学数据，涵盖资源、环境、种质、植保等 10 个领域的 1 万余项监测检测指标，数据资源的数量和种类持续稳定增长。

2. 区块链技术在农业大数据存储中的应用

（1）农业金融及保险

为解决农业融资中普遍存在的抵押品不足和信用体系建立问题，农业银行推出"农银 e 管家"电商金融服务平台。这是农业银行为生产企业、分销商、县域批发商、农家店、农户打造的一款线上"ERP＋金融"综合服务平台。该平台通过应用区块链技术，将历史交易数据映射到区块链平台中，同时每天产生的数据也入链登记，不断积累以逐步形成企业和农户可信的、不可篡改的交易记录，反映了客户的真实信用状况。

（2）精准扶贫

平安智慧农业产销溯源平台获得过工业信息化部区块链大赛最佳应用奖。现已在广西、贵州、内蒙古、甘肃等 12 个省（区）开展 40 个产业扶贫项目。涉及产业扶贫资金 4.3 亿元，带动贫困户 4.2 万人。其中，该平台应用于扶贫线上管理，对人和动物进行识别采样，建立档案和信息卡，防止信息篡改和重复使用。降低贷款风险，追踪贷款作何用途、产品收益以及脱贫情况，还贴心提醒还贷，防止逾期。

（3）农产品供应链管理

何谓供应链？产品从生产到销售，从原材料到成品到最后抵达客户手里整个过程中涉及的所有环节，都属于供应链的范畴。目前，供应链可能涉及几百个加工环节，几十个不同的地点，数目如此庞大，给供应链的追踪管理带来了很大的困难。

沃尔玛与 IBM 以及清华大学展开合作，在中国政府的协助下启动了两个独立推进的区块链试点项目，旨在提高供应链数据的准确性，保障食品安全。项目开展后，沃尔玛将区块链技术应用于全球供应链，成本有望减少 1 万亿美元。沃尔玛超市的每一件商品，都在区块链系统上完成了认证，都有一份透明且安全的商品记录。在分布式账本中记录的信息也能更好地帮助零售商管理不同店铺商品的上架日期。

澳大利亚农业供应链追踪企业 BlockGrain 成立于 2014 年，BlockGrain 利用区块链技术来加强供应链的跟踪和自动化，改善信息和数据传输，降低合同风险，并提供原产地信息的证明。BlockGrain 允许在整个产业过程中追踪农产品信息，可以访问土壤质量、田间应用、天气、耕作方法和种子类型的详细记录。同时，它还为农民提供了创造、管理和跟踪商品合同的能力，从整体上提升了农业供应链的管理自动化。

第三节　农业大数据的挖掘分析

一、农业数据挖掘技术

什么是数据挖掘（Data Mining），一些专家学者给出了如下定义。

高德纳咨询公司（Gartner Group）认为："数据挖掘是通过仔细分析大量数据来揭示有意义的新的关系、模式和趋势的过程。它使用模式认知技术、统计技术和数学技术。"

美国 SAS 研究所认为："在大量相关数据基础之上进行数据探索和建立相关模型的先进方法。"

美国调研机构 The META Group 的 Aaron Zomes 认为："数据挖掘是一个从大型数据库中提取以前不知道的可操作性信息的知识挖掘过程。"

Bhavani："使用模式识别技术、统计和数学技术，在大量的数据中发现有意义的新关系、模式和趋势的过程。"

Hand et al："数据挖掘就是在大型数据库中寻找有意义、有价值信息的过程。"

数据挖掘（Data Mining）方法要解决的问题就是从大量的、不完全的、模糊的、有噪声的以及随机的实际应用数据中，提取隐含在其中的，但又是潜在有用的信息和知识的过程。数据挖掘是一门交叉性学科，涉及统计学、机器学习、模式识别、数据库、归纳推理和高性能计算等多个领域。农业上数据挖掘常用技术有聚类分析、决策树和人工神经网络等。

1. 聚类分析（Clusteranalysis）

聚类分析的目标就是在相似的基础上收集数据进行分类。聚类与分类的不同在于，聚类所要求划分的类是未知的。聚类分析是依据对象自身的相似性，在没有训练样本的情况下，把一组对象划分成有意义的一系列子集的任务。聚类将数据分类到不同的类或簇的一个过程，它的目的是属于同一类别的个体之间有很大的相似性，而不同类别上的个体间有很大的相异性。

传统的聚类算法可以被分为五类：划分方法、层次方法、基于密度方法、基于网格方法和基于模型方法。

划分方法（PAM：Partitioning Around Medoid）是 K-medoid（K 中心点划分）的基础算法，基本流程如下：给定一个 n 个对象的合集，首先随机选择 k 个对象作为中心，把每个对象分配给离它最近的中心。然后随机地选择一个非中心对象替换中心对象，计算分配后的距离改进量。聚类的过程就是不断迭代，进行中心对象和非中心对象的反复替换过程，试图找出更好的中心点，以改进聚类的质量。在每次迭代中，所有可能的对象对被分析，每个对中的一个对象是中心点，而另一个是非代表对象。对可能的各种组合，估算聚类结果的质量。

层次方法（Hierarchical Clustering）通过计算不同类别数据点间的相似度来创建一棵有层次的嵌套聚类树。该方法可以分为自下而上（合并）和自上而下（分解）两种操作方式。为弥补合并与分解的不足，层次合并经常要与其他聚类方法相结合。

基于密度的方法，相比其他的聚类方法可以在有噪声干扰的数据中发现各种形状和各种大小的簇。DBSCAN（Densit-based Spatial Clustering of Application with Noise）是该类方法中最典型的代表算法之一，其核心思想就是先发现密度较高的点，然后把相近的高密度点逐步都连成一片，进而生成各种簇。它能从含有噪声的空间数据库中发现任意形状的聚类。

基于网格的方法，基于划分和层次聚类方法都无法发现非凸面形状的簇，真正能有效发现任意形状簇的算法是基于密度的算法，但基于密度的算法一般时间复杂度较高，网格方法可以有效减少算法的计算复杂度，且同样对密度参数敏感。首先将对象空间划分为有限个单元以构成网格结构，使用网格单元内数据的统计信息对数据进行压缩表达，基于这些统计信息判断高密度网格单元，最后将相连的高密度网格单元识别为簇。

基于模型的方法，假设数据集是一系列的概率分别所决定的，它给每个聚类一个假设模型，然后发现适合相应模型的数据。

传统的聚类能够成功地解决低维数据的聚类问题。但是由于实际应用中数据的复杂性，特别是对于高处理维数据和大型数据时，现有的算法经常失效。因为传统聚类方法在高维数据集中进行聚类时，存在两个问题：传统聚类方法是基于距离进行聚类的，而高维空间中数据较低维空间中数据分布要稀疏，其中数据间距离几乎相等是普遍现象，因此在高维空间中无法基于距离来构建簇；高维数据集中存在着大量无关的属性，使得在所有维中存在簇的可能性几乎为零。但随着技术进步，农业大数据规模越大、复杂性越高，如农作物基因表达数据，如果简单地使用一些低维数据空间表现良好的聚类方法将无法获得好的聚类效果，此时便可使用降低维度的算法。

2. 决策树（Decision Tree）

决策树算法起源于 E. B. Hunt 等于 1966 年发表的论文 "Experiments in Induction"。决策树（Decision Tree）是在已知各种情况发生概率的基础上，通过构成决策树来求取净现值的期望值大于等于零的概率，评价项目风险，判断其可行性的决策分析方法，是直观运用概率分析的一种图解法。由于这种决策分支画成图形很像一棵树的枝干，故称决策树。

决策树的构建步骤如下。

步骤一：绘制树状图，将所有的方案看成一个一个的节点；

步骤二：将各方案概率及损益标在枝上；

步骤三：计算各方案的期望值并将其标于该特征对应的状态节点；

步骤四：对比各方案期望值的大小，进行剪枝优选。

3. 人工神经网络（Artificial Neural Networks，ANNs）

人工神经网络是一种应用类似大脑神经突触连接的结构进行信息处理的运算模型。人工神经网络的特点和优越性，主要表现在三个方面（朱晓峰，2019）。

第一，具有自学习功能。例如，实现图像识别时，先把许多不同的图像样板和对应的识别结果输入人工神经网络，网络就会通过自学习功能，慢慢学会识别类似的图像。自学习功能对于预测有特别重要的意义。预期未来的人工神经网络计算机将为人类提供经济预测、市场预测、效益预测，其应用前途是很远大的。

第二，具有联想存储功能。用人工神经网络的反馈网络就可以实现这种联想。

第三，具有高速寻找优化解的能力。寻找一个复杂问题的优化解，往往需要很大的计算量，利用一个针对某问题而设计的反馈型人工神经网络，发挥计算机的高速运算能力，可能很快找到优化解。

深度学习是指多层神经网络上运用各种机器学习算法解决文本和图像等各种问题的算法集合。深度学习从大类上可以归入神经网络，含多个隐藏层的多层感知器就是一种深度学习结构。深度学习的核心是特征学习，通过分层网络获取分层次的特征信息，以发现数据的分布式特征表示，从而不再需要人工设计特征。深度学习包含多个重要算法：卷积经网络 Convolutional Neural Networks（CNN），自动编码器 AutoEncoder，稀疏编码 Sparse Coding，限制波尔兹曼 Restricted Boltzmann Machine（RBM），深信度网络 Deep Belief Networks（DBN），多层反馈循环神经网络 Recurrent neural Network（RNN）。对于不同问题（文本、图像或语音），需要选用不同深度学习模型才能达到更好效果。

采用深度学习技术解决当前农业和粮食生产问题已经成为前沿的研究方向，Andreas Kamilaris 在 Deep Learning in Agriculture：A Survey 一文总结了 2010—2017 年的 40 项利用深度学习解决农业问题的研究项目，包括作物产量估计与预测，农作物类型分类，植物识别，水果计数，牧草、杂草检测，牲畜农业，土地覆被分类，土壤研究，田间含水量检测，天气状况预测和障碍物检测 12 个类别。

二、农业数据挖掘技术系统应用

1. 聚类技术运用于农业基因数据挖掘

农业基因序列或表达数据挖掘中，通过建立各种不同的数学模型，进行统计分析得到不同基因在序列或表达上的相关性，从而找到已知基因的未知功能和未知基因的功能信息。

农业生物信息处理中，聚类算法往往应用于基因表达数据。生物学里已知功能的基因相对很少，且基因表达数据量极大。采用聚类算法分析基因表达数据优势是聚类算法不需要先验知识便可直接将具有相似表达性质的基因聚在一起。

2. 数据挖掘运用于动物识别

动物识别在我国的应用出现在 2018 年，主要采用猪脸图像识别技术。2018 年 12 月，四川特驱集团公司、德康集团公司与阿里巴巴集团公司合作开展"人工智能养猪"。其中一个项目是与养猪科学家合作，开发可以通过图像和视频数据判断母猪是否怀孕的挖掘算法。增加农场的产仔量。在该算法的理论验证阶段，人工智能可使母猪每年多产 3 头仔猪，仔猪死亡率降低约 3%。

2019 年，吉林精气神有机农业股份有限公司与京东数字科技旗下京东农牧合作养猪项目。在传统模式下，同一个围栏里的猪体重有很大不同。通过深度学习猪脸图像识别技术可以统计每头猪的体重、生长情况和健康状况，知道每头猪需要多少饲料，精确到克。生猪屠宰时体重差可降至 5% 以内，饲料消耗量可降低 8%~10%，屠宰时间平均可缩短 5~8 天。

第四节　农业大数据的可视化

一、农业时间数据的可视化技术

时间数据是数据在不同时间点或时间段的数据序列，农业时间数据，不论连续型时间数据还是离散型时间数据，可视化的目的都是发现数据随时间变化的趋势，在农业统计数据中广泛使用，如展现农作物产量随着时间变化的规律。

农业连续型时间数据可视化常用图形有阶梯图、折线图和主题河流图。

阶梯图通常用于 Y 值先保持不变，然后某个特定的 X 值位置发生了一个突然的变化，状似阶梯。例如中国大陆农作物生产价格指数数据，每年保持不变，然后在翌年上调或下调。折线图是以折线的方式表现数据的变化趋势，例如表现农业人口随时间变化增长或减少的趋势。主题河流图可以用来表示在一段时间内事件或主题等变化，适用于大批量数据。

农业离散型时间数据可视化常用图形有散点图和柱形图。散点图可表现对象随时间增长或下降的趋势。柱形图不仅显示对象随时间的变化，还展现相邻时间内数据的比较情况。

二、农业比例数据的可视化技术

比例数据可视化展现数据比例的分布和相互关系，农业比例数据可视化，如枇杷和柠檬的营养成分可视化，人们关心维生素、粗纤维、矿物元素、蛋白质和碳水化合物各占比及两种水果的对比。农业比例数据的可视化常用图形饼图和环形图。

饼图和环形图都是用环状呈现各分量在整体中的比例。普通饼图只能显示一个样本各成分所占比例，环形图可同时显示多个样本各成分所占比例，如饼图适用于只展现柠檬的营养成分，环形图适用于展现枇杷和柠檬的营养成分比较。

三、农业关系数据的可视化技术

关系数据的可视化展现数据之间是否有关联性，农业关系数据的可视化，如水稻的性状与产量之间是否有关联性，农业关系数据的可视化常用图形散点图、气泡图、茎叶图和直方图。

气泡图与散点图类似，都可表现对象随时间增长或下降的趋势，气泡图在散点图的基础上额外加入了表示大小的变量。茎叶图可展现所有数据内容及分布情况，适用于数据量较小的情况。茎叶图行转变为列，列上原有数值改为矩形，茎叶图就转变为直方图，直方图适用于大批量数据。

四、农业大数据的可视化系统应用

国家农业科学数据中心作为农业基础性长期性科学观测数据总中心，承担布局全国的 456 个农业观测监测站的科学数据汇交、保存和分析应用工作，数据涵盖了土壤质量、农业环境、植物保护、畜禽养殖、动物疫病、作物种质、农业微生物、渔业科学、天敌昆虫、农产品质量 10 个学科的 1 万余项长期监测检测指标。将科学观测数据的原始表单数据清洗汇总后，根据数据特性针对不同维度进行数据分析，并展示为合适的数据分析图表，包括但不限于词云图、分布地图、柱状图、折线图、散点图、数据表格等图表形式，同时提供灵活的筛选功能。以疫病数据分析可视化系统为例，见图 4-1。

1. 病毒病名称图

汇总所有的病毒病名称，并以词云图的形式展示；可选择图中的词条进行针对该病毒病名称的筛选，其他图表联动。

2. 发病地区分布图

在地图中展示各省份抽样总数、汇总各养殖场发病数，养殖场点位图标大小与该养殖场发病数多少成正比；可选择省份进行针对所选省份的筛选，其他图表联动；可选择点位进行针对所选点位的筛选，其他图表联动。

3. 病毒病不同省份采样数与检测结果图

在柱状图中展示各省份抽样总数和检测结果呈阳性总数，以省份为横轴，以汇总数为纵轴；可选择省份进行针对所选省份的筛选，其他图表联动。

4. 病毒病不同时期发病趋势图

在折线图中展示发病数随时间的变化情况，以时间为横轴，以发病数为纵轴；可选择图中节点进行针对所选时间段的筛选，其他图表联动。

5. 病毒病不同物种采样数与检测结果图

在柱状图中展示不同动物品种的抽样总数和检测结果呈阳性总数，以动

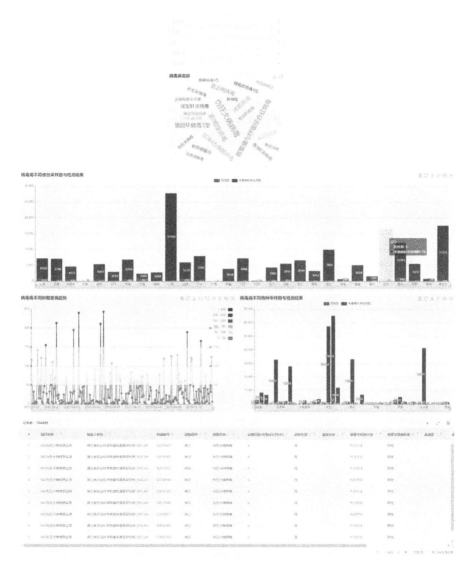

图4-1 疫病数据分析可视化系统

物品种为横轴，以汇总数为纵轴；可选择动物品种进行针对所选动物品种的
筛选，其他图表联动。

6. 数据表格

在表格中展示根据筛选条件所得到的所有数据，仅展示指定的部分字段即可；可在图表中进行筛选操作，其他图表联动。

7. 其他维度的筛选功能

指定多个字段（疫病类型、年度、省、抽样日期、填报人部门），可以针对其中一个或多个字段的所选项进行筛选，可多选，其他图表联动。

第五章 农业大数据的创新应用

第一节 农业大数据与数字育种

大数据在育种工程中的应用大大推动了育种技术的发展，在从育种材料管理到育种理论探索的诸多领域，大数据都在发挥重要支撑作用，传统育种是指利用传统育种工具通过传统育种方式或过程进行的育种。育种者利用杂交技术将不同但通常近缘关系比较近的物种的理想性状组合成新的品种。数字育种大大加速这一进程。

一、大数据服务育种材料管理

种质资源是指具有一定基因型的动植物，日常工作中，常以"材料"指代种质资源中的个体。材料是育种的基础，在大多数情况下，育种工作都依赖于不同材料之间的杂交，以获取更加优势的新品种。

大数据从多个角度运用于育种材料数字化管理之中，大数据帮助育种工作者管理不断膨胀的育种材料。目前，野生材料被不断发掘，人工材料则被育种工作者不断创造，这使得育种材料的数量不断膨胀。据统计，目前全世界动植物种质资源总数已经逾千万种，并保持快速增加态势。仅以我国水稻为例，现有收集和整理野生资源的单位包括国家种质库、地方农科院和各大高校等数百家，其中仅南宁圃就收集保存了 12 000 份野生资源。而为了满足育种工作者需求，每份材料往往又需要记录基因组特征序列、农艺性状、选育背景、系谱、适生环境、配套栽培手段、各类抗性试验及试验结果、品质数据、相关文献、推广范围等，更增加了多维数据量。如此天量育种材料，使得传统的纸质文档、Excel 表等管理方式已经不能满足需求。得益于大数据技术的快速进步，多种育种材料管理系统和平台被开发出来，在快速查询、及时响应、数据挖掘、关联分析等方面，服务了育种材料的数字化管理。

其次，大数据帮助课题组间交流育种材料。由于育种材料规模膨胀，各个育种课题组难以获知其他育种课题组所拥有的材料信息，这大大影响了种质资源跨课题组、跨单位交流效率，进而阻碍行业发展。因而能够提供资源发现、多维检索等功能的大型种质资源数据库，就成为了资源交流的基础设施。目前各国都开发了种质资源相关的数据库或平台。迄今较为主流的数据库包括：美国国家种质资源信息网（GRIN，59 万份资源）、日本国家农业和食品研究组织遗传资源中心种质资源数据库（NARO-GENEBANK，22 万份资源）、加拿大作物遗传信息网络（GRIN-CA，11 万份资源）和我国的国家农作物种质资源平台（CGRIS，47 万份资源）等。

二、大数据服务育种表型鉴定

育种的最终目的，是获取在特定环境下，表达优良表型（如抗病、高产、高蛋白等）的动植物品种。而在传统育种过程中，常常需要耗费大量时间和投入，观测每一个育种环节中，材料所体现出来的表型，如抗病、抗倒伏、盐碱胁迫表型观测等，不仅需要等待作物生长到一定时期，然后对大量材料进行真菌、病毒等的接种，然后再详细观察记录。更加复杂的是，由于存在基因交换和自由组合，为保证每一代杂交改良性状后，抗病性状都良好继承，就需要重新进行一轮抗病性测试。

而基于大数据技术下，科学家可以通过对全基因组水平上数亿碱基的分析和计算，寻找出无数个覆盖全基因组各个区域的唯一性序列标签，并基于此，开发紧密连锁的分子标记，这些已知位点的标记与科学家所关注的一系列抗多种胁迫、高产、高品质等相关表型的决定性基因（目的基因）或位点，遗传距离极小。由于种子或幼苗阶段，基因序列和成株并无差异，因此在材料幼生期即可通过试验得到分子标记的存失结果，进而可以通过大数据运算，判断出目的基因是否依然在材料中存在，从而实现表型快速鉴定，大大缩短育种周期。

三、大数据服务育种理论探索

育种理论的突破主要依赖于遗传学的进步。人们对遗传的朴素认识催生了最早期的选择育种，达尔文进化和孟德尔遗传带来了系统育种法的产生，而中心法则和分子生物学则催生了现代育种方法。在当前遗传机制的探索过程中，大数据技术正在扮演越来越重要的角色。

组学是大数据应用于遗传育种研究所催生出的学科，也是近年来遗传学和育种理论基础研究最重要的手段之一，它是研究生物体或特定组织、细胞内某一类化合物所有种类、状态和数量的学科。目前最为常用的组学工具包括基因组学、转录组学、代谢组学和蛋白组学等。组装良好的基因组数据及配套分析平台，已经成为重要的科研基础设施，通过基因组学工具，人们第一次可以从全基因组水平上全面挖掘、衡量和讨论作物的遗传信息。转录组学则从全部 mRNA 水平研究生物体，能够实现对某个处理下，生物响应过程的整体讨论，进而帮助科学界更好理解生物学意义。蛋白组学相对于转录组学，则将研究重点沿中心法则进一步后移，从蛋白表达角度分析问题。而代谢组学则普遍关注化合物，尤其是小分子化合物，常常被用于观测作物品质成分的积累规律。

一次组学研究，所涉及的数据量可以高达数十上百 TB。以泛基因组研究为例，单一作物的基因组大小通常为几百 MB 到几 GB 不等，为保证研究精度，通常需要 30~200 倍的测序深度，而对几十种不同材料单株的研究，又将使得数据量再次暴增数十倍。再以比较转录组研究为例，为保证试验精度，经常需要同时对不同时期、不同处理、不同遗传背景、不同生物学重复的材料进行比较分析，致使一次试验就产生数百个样本，每个样本则包含数 GB 至数十 GB 的测序数据。正依赖于大数据技术的发展，推动了组学研究日益成为育种理论研究中最重要的研究工具手段。

第二节　农业大数据与农业生产环境监测

每年作物病虫害造成的损失占世界粮食产量的 1/4。粮食受虫害后就不再适合人类食用，而真菌感染了的粮食对人畜都不安全，由此造成的损失高达亿万美元。目前，由于影响病虫害暴发的条件较为复杂，病虫害的预测预报和防治等工作都较为困难。

一、利用机器学习的方法提高模型预测精度

Adhere 公司的研究人员利用机器学习的方法，从世界各地的研究社团和农场产生的历史数据中学习，生成一系列的模型，帮助农场主、研究人员以及商人们预测作物病虫害的发生，这些模型比传统模型的精度更高。

在美国，玉米灰斑病可以引起严重的经济损失。早发的病害可能引起占产量近一半的减产。awhere 公司开发了一个模型，通过在美国所有的玉米种植区的测试，模型能够成功识别 99.4% 以上的感染灰斑病的玉米地，与此同时可以保持假阳性率低于 17%。目前研究者已经开发出了系列作物病害预测模型，包括玉米、大豆、小麦和棉花等多种北方作物的病害，如玉米锈病、大豆锈病、镰刀菌、曲霉菌等。

农民可以获得许多数据密集型技术，帮助他们监测和控制杂草和害虫。数据采集、数据建模与分析以及数据共享，已成为杂草控制和作物保护的核

心。大数据在农业中的应用包括：通过提供数据收集、数据分析工具，以及提供数据分析服务，以改善杂草控制和作物保护的效果。

二、利用人工智能预测橄榄蝇害虫的发生

提前获得害虫行为相关的预测信息，对于进行害虫综合管理是至关重要的，只有掌握了害虫发生的相关地点与日期的风险与影响的信息，才能制定更好的决策，以便设计出更为有效、并且效果更为持久的控制措施。

为了实现这样的目标，西班牙农业部利用安达卢西亚作物保护与信息系统，收集有关害虫与其他相关的作物参数，并用一个人工智能模型分析相关数据，这个模型可以提前四周预测到害虫的行为。

西班牙农业部认为，大数据管理技术以及人工智能技术在农业的应用，是两个极具潜力的领域，可以显著提高农业生产的效率与可持续发展的能力。

项目的实施，有益于有关地区的橄榄油产业协会的发展，协会可以每周通过 API 接收相关的分析信息，包括可能被害虫取食的橄榄叶的比例，以及一些其他的用作害虫管理所需要的参数。

API 提供的信息依赖于成员农场的病虫害和作物的状态，这些状态信息可以帮助改进预测模型。

12 个成员组共有 9 000 公顷的橄榄园，哈恩省的 10 个市和科尔多瓦省的 9 个市共计 1 568 名农民受益。

安达卢西亚植物检疫预报网络是农业部的一个项目，受到欧洲农村农业发展基金的支持，向安达卢西亚地区提供主要检疫作物的最新信息。该网络的技术人员主要来自分布在不同地区的 4 621 个地面控制站，他们可以利用该网络交换收集到的信息。

欧盟委员会将农业大数据作为"提高生产力、粮食安全和农民收入"的途径。

三、机器学习在农作物高通量胁迫表型分析方面的应用

表型数据是一个典型的大数据问题，表型数据由实时成像平台产生，产生的数据需要得到及时的分析，这样的大数据分析与解译面临许多挑战。可是这样的方法可能提高粮食的产量，而使得大数据分析的方法成为分析高通量表型和高通量胁迫表型研究的有前途的方法。机器学习方法是一种可伸缩的模块化的分析策略，特别是在"作物胁迫分析"方面。利用无人机航片识别小麦、玉米、向日葵田块中杂草，是最新开展的高通量胁迫表型的相关研究，结果表明，机器学习算法在基于时空的胁迫管理方面都有很好的表现。

高通量表型或者高通量胁迫表型的研究，一般包括以下四个过程，分别是识别、定量（化）、分类和预测。

识别的对象有突然死亡的症状、锈病斑以及细菌孢子等，识别算法一般有 k-NN、SVM、BC、LDA/QDA、ANN、k-means、SOM 和 DLA 等，识别提取出来的数据定量化算法一般有 SVM 和 DLA 等，而对于病害等级的分类算法主要有 RF、SVM、K-MEANS、BC、LDA/QDA、k-NN、SOM 等，对病害发生进行预测的算法一般有 SVM 和 ANN。

机器学习算法可以按照学习的过程，分为有监算法和无监算法；算法按照建模目标，可以分为生成模型和判断模型。生成模型，又可以称为产生式模型，或联合概率模型。判断模型又可以称为条件概率模型或条件模型。模型的用途要么是发现两个对象之间的相同点，要么是发现两个对象之间的不同点，发现不同的就是判断模型，发现相同的就是生成模型。生成模型的算法主要有 GMM、BN、Lat DA、BM、DBN、PCA/ICA 以及平凡贝叶斯算法等，而判别模型的算法主要有 k-means、MF、SVM、ANN、SOM、CNN、DNN、DT、RF、k-NN 和 LDA 等算法。

四、基于病症的水稻病害预测和基于大数据分析的推荐系统

为了及时发现和防治水稻病害，利用 Hadoop、hive tools 和 HiveQL 等技术开发基于病症的水稻病害预测和基于大数据分析的推荐系统。通过分析多种不同数据源的数据，例如，Agropedia 和博客中的数据，以矩阵的方式表达收集到的文件，利用向量空间模型，基于 TF-IDF 计算向量的权重，利用余弦近似值测量文件向量空间和查询向量空间的近似度，推荐使用近似度高的病害防治方法，使用图形可视化的方法表达输出查询的结果，因此是一种很好的推荐系统。

第三节 农业大数据与精细化农业生产管理

在农业生产中，农业生产管理具有重要意义。管理出效率，良好的管理使得组织产生系统效应，不好的管理导致组织的垮塌。

数字时代农业生产管理的过程，必须利用数字化技术开发农业管理平台，完成从数字产品到数字平台的过渡，实现数字到信息、信息到知识的生产，指导生产管理者实现对农业生产过程的洞察和决策，提高农业生产效率，降低农业生产成本。

在农业管理中，第一手的信息非常重要，在信息化时代，农业生产管理依赖于各类农业生产管理系统。美国农业部提出了多个在农业产业中利用大数据创造价值的例子。例如：利用大数据提高生产系统恢复力；利用大数据提高对环境和基因相互作用的认识；利用大数据增强人畜健康等。在农业中注重数据应用的单位已经获得了相对的竞争优势，这包括一系列的转变，例如：从技术向平台的转变，从供应驱动到需求驱动的转变。农民可以通过平台和社区成员沟通，对消费者的需求做出快速的反应。

一、孟山都公司投资 62 亿美元开展气象预测

普渡大学农业技术系主任布鲁斯·埃里克森指出："如果能够预测农场的未来需求，就会得到农场的关注，也就获得了接近他们的机会，从而把种子等农资卖给农场，这种潜力是巨大的。"

数字化在农业生产中应用的例子比比皆是。无人机可以获取田块的鸟瞰图，地图软件可以定位地下水资源，装备了传感器的拖拉机可以实时监测收获量。即使是在田块外，同样的变化也在发生，自动化设备可以根据产奶量自动调整奶牛的饲料配方，红外监测设备可以及时发现发烧的鸡，从而保护了整个鸡群的安全。

人口数量的增长和发展中国家中产阶级人口的增长，促进了粮食需求的增长，但是粮食供应量却保持在相对平稳的状态，这就导致粮食供应的不足。世界粮食的产量不能满足人们的需求，促进了数字工具的应用。由于发现了这样的机遇，大量的投资涌入数字农业。根据一个在线投资平台 AgFunder 的统计，与 2014 年的 23 亿美元相比，2015 年粮食与农业科技初创公司吸收了 46 亿美元投资。

2013 年孟山都为位于三藩市的气象初创公司投资了 10 亿美元，这个公司由谷歌工程师 David Friedberg 和 Siraj Khaliq 创立，公司开发了一种可以预测气候对作物产量影响的算法。孟山都从自己的分析公司获取种子试验和土壤数据，利用该软件为农民提出种植品种和种植地点的建议方案。

孟山都投资了蓝河技术（Blue River Technology），一家位于加州的利用机器视觉技术除草的公司。他还投资了 HydroBio 公司，这个公司生产监测水分利用的工具，以及 VitalFields 公司，一家农场管理软件开发商。与此同时，利用卫星监测作物和土壤变化的一家公司卫星实验室（Planet Labs.），获得了 1.2 亿美元的投资。一家名为农民业务网络的数据公司获得了包括来自谷歌的 1 500 万美元的投资。

其他的大型农业公司也为他们的生产线增加投资。拖拉机制造商 Deere 提供自动驾驶技术和工具跟踪种子、化肥和其他化学投入品的使用情况。杜邦公司也通过并购陶氏化学公司，来扩大其 Encirca 农场管理软件单元。先正达，一家最初孟山都准备收购，后又同意卖给中国化工的公司，也已经进行了几起数字农业的并购。

在美国中部的机械化农场重视生产效率，是最先采用数字农业技术的。在伊利诺伊斯中部地区，农场主 Dale Hadden 开始收集数据，来改进它种植的 5 000 英亩（1 英亩 ≈ 4 047 米^2）大豆、玉米和小麦的生产管理。他建立了一个基于农场化学品投入、土壤类型和土地地形的产量预测模型。Hadden 说，带着 iPad 或 iPhone 进到地里，利用数据，我们知道我们站在田块里的位置，知道种植的速度是多少，土壤的含氮量是多少，并规划出在每个地块上的作业流程，一旦我们的某个地块上发生了问题，就可以采取解决的措施。

不过数字农业技术还处于起步初期。与那些利用数字的收集、综合以及表达来解决问题的其他行业相比，农业要落后得很多。许多农民，尤其是美国以外的农民一直处于观望的状态，需要确定数字工具是否真的可以提高收入。毕竟这些软件要花掉他们数千美元，学习起来也并不容易。数字技术仍然处于向用户展示其规模化应用可以获得经济上的回报的关键期。

数字农业在发展中国家，可能会有巨大的潜力。利用全球通信网络把大数据应用到全球最缺乏信息的地区，可以使得农民更好地管理气候变化和其他因素导致的风险。我们看到了数字革命的出现，农业生产管理的决策正在从基于农民技能的决策向基于现有技术驱动的客观信息的决策转变。

二、农业分析优化作物管理

肥料的"智能"应用说明利用分析工具可以提高农作物产量，改善环境可以获得更好的回馈。

对于像玉米这样的作物，氮往往是最重要的产量因素。

现代农场正在成为证明数据分析价值的基地。例如，通过研究优化肥料或氮肥管理系统，改进决策获得的效益远远超出简单的管理方法。更好的经营农场可以生产更多的粮食，为全球粮食安全做出贡献。适当管理的氮也恰好对改善环境和水质至关重要。简而言之，数据分析是使全球数百万人拥有更健康、更幸福未来的关键。

世界上没有两块相同的田地。不同地域的自然因素各具特色，如土壤质量和地形，影响地块中的植物生长和健康。植物生长还依赖于阳光和水分，因此，气候是一个具有随机性的影响因子。

无论是在非洲有一个小块土地的农民，还是在爱荷华州的一个拥有大块土地的农民，总是有办法把事情做得更聪明、更有效率。该业务研究工具能够解决三个主要来源的变化，以提高决策。利用分析工具来优化作物管理的回报的最佳表现也许是反映在探索应用氮以提高农作物产量方面。

对于像玉米这样的植物，氮往往是最重要的产量因素，施加更多的氮也不是总能产生更好的结果。相反，过剩的氮是一个已知的环境威胁因子。这就是为什么一刀切的方法越来越过时了。要获得最高收益，就要使用确实的数据，来选择与野外条件和天气最匹配的作物遗传性状、投入物和种植技术。

1. 优化传感器和分析工具的营销方案

要优化生产过程管理就需要更多更好的生产过程监测数据。要获得更好的管理效果，农民就必须投资购买更多的远程传感器和分析工具，因此有些农民宁愿坚持采用过去的经验。他们根据上一年使用的氮量，决定今年氮的使用量。他们更愿意花钱购买新的拖拉机或联合收割机，而不愿花钱买他们不熟悉的传感器和软件上。必须优化这些关键工具的营销方案，以反映农民的实际需要。

远程传感器通过测量叶绿素水平来提供对植物健康的客观评估，植物越绿越健康。红外探测器被深深植入植物中，以检测作物的胁迫，如虫害、缺水和缺乏营养的状况。当与对照比对时，这些传感器可以为种植者提供他们需要的可以更加精确控制氮用量的数据。如果土地的产出与对照的产量一致，就不需要施用更多的氮；相反，如果产出比对照低，可能就需要施用更多的氮。不精确的施用氮肥会造成重大危害。随着氮气对玉米产量的大幅度提升，当肥料进入溪流或湖泊的水体时，其对促进藻类生长的影响更大。富营养化是用来描述水体营养物质过量的术语。虽然浮游生物和藻类在硝酸盐的丰富中茁壮成长，但它们也迅速繁殖并破坏了生态系统的平衡。死亡的藻类最终会消耗大量的氧气，导致当地的鱼窒息死亡。除此之外，硝酸盐进入供水还会引起人们对健康的担忧。环境保护署认为，百万分之十以上的水平对饮用水有危害，反映在患多种癌症风险的升高。爱荷华州中部的情况特别严重，因为得梅因水务公司对农田径流污染的诉讼，当地农民的生计面临危险。

对传感器和分析工具的投资是具有经济意义的。传感器是衡量现场劳动绩效与收入的监测器的组成部分。简单来说，更加精确地测量可以使农民做出更为明智、更为准确的决定，从而提高作物的产量。采用适当的传感器技术对于达到一定的数据密度是至关重要的，而这样的数据密度可以确保农民获得经济可行的决策，以改善其管理实践。

2. 应对合理氮肥使用面临的数学挑战

在合适的地方使用适量的氮肥，通过节约成本，农场可以获得优先发展的机会，也就是说，施加的氮肥不超过植物吸收的量。合理使用氮肥面临复杂的数学挑战。无论是通过灌溉还是暴雨，氮溶于水，都可以通过水将氮肥从土壤中排出。这意味着氮水平迅速变化。数据分析的工作是量化植物对不同氮水平的反应。

要了解给植物提供营养的量就需要了解植物对氮肥的需求量以及植物从土壤中吸收氮肥的能力，并且始终牢记经济成本因素。田间试验用于测试不同水平营养素应用的有效性，但是必须记住要使这些测试结果准确，必须将土壤肥力的变化考虑在内。

只依靠历史的统计方法是不够的，必须进行必要的试验，监控记录地块上自然发生的在空间和时间上的变化。要进行氮优化试验，必须设置处理和对照。空间统计可用于分析实验场地的协方差，最终使农民更准确地解读趋势。不是猜测发生了什么，而是确切地知道将会发生什么。依据确实的信息而不是直觉采取行动，成功概率将会增加，因为它不再靠碰运气。

尚未探索使用数据分析和传感器技术的农民将不得不深入研究这些技术，以便在未来几年保持竞争力。爱荷华州大豆协会跟踪该领域的氮肥的感测性能，大多数农民报告，每英亩（1 英亩≈6.01 亩；1 亩≈667 平方米）节省了10~20 美元的肥料费用。在许多情况下，种植者可以在一两年内收回传感器的成本。

同时，农业行业还需要面对挑战，加紧开发易于使用的数据分析工具。这是实现氮优化承诺和促进全球粮食安全和环境更清洁的必要步骤。

第四节　农业大数据与农产品质量监测与追溯

随着农产品供应链的延长以及不良商家的投机倒把，追踪和监督农产品变得越来越重要。利用智慧农业大数据技术平台，可以实现从田间到餐桌每一个过程的追踪。农业产业化过程中，生产地和消费地间的距离拉远，消费者对生产者使用的农药、化肥以及运输、加工过程中使用的添加剂等信息根本无从了解，消费者对生产的信任度降低。

农产品质量安全追溯是一个沿着供应链的产品流建立农产品质量安全信息流的过程，信息披露的过程。通过农业领域与其他领域的信息共享和紧密合作，追溯信息流能够带动资金流、技术流等要素汇聚，督促农产品生产经营主体积极应用物联网、大数据等，形成从"农田到餐桌"的全程追溯的集成化的信息链（王瑛，2018）。

农业大数据正在被用来改善生产和流通的各个环节，农产品生产商、供应商和运输者使用物联网传感器技术、扫描设备和分析工具来监控收集供应链的相关数据。比如生产和运输过程当中农产品的品质可以通过带有 GPS 功能的传感器进行实时监控，有助于预防食源性疾病和减少供应链浪费。同时，通过深入挖掘并有效整合散落在全国各农业产区的农产品生产和流通数据，进行专业分析解读，为农产品生产和流通提供高效优质的信息服务，以提高农业资源利用率和流通效率，从源头上保障食品安全。

农业数据公司收集、汇总和分析众多田地的数据，为农民提供农产品个性化生产方案，将每块田地的耕种细化到作物个体。农业数据公司利用从农民那里获得的信息来改善农业生产模型，根据气候、环境等生产因素，提出有针对性的生产计划，生产出高品质、符合客户要求的农产品，同时定价策略更加全面完善，能够实现同一领域内更好的性价比（钱建平，2020）。

在生产流通阶段，防伪品控溯源系统通过专业的机器设备对单件产品赋予唯一的二维码作为防伪身份证，实现"一物一码"，可对产品的生产、仓储、分销、物流运输、市场稽查、销售终端等各个环节采集数据并追踪，通过一物一码技术追溯产品流通过程，一旦产品出现质量问题，可快速、精准召回，减小企业损失。通过对产品进行从生产原料到制作工艺、流通全程的追踪，由于消费者及监管部门可以明明白白地看到商品的信息，能够提升品牌可信度，让消费者买得更放心（一探溯源，2018）。

基于区块链技术的农产品追溯系统也逐渐兴起，所有的数据一旦记录到区块链账本上，数据将不能被改动，依靠不对称加密和数学算法的先进科技从根本上消除了人为因素，使得信息更加透明。华为推出的"农业沃土云平台"包括：农产品生产管理、稻米智能制造、农产品溯源和农产品智能分析四大功能。其中，农业区块链作为华为"农业沃土云平台"的重要组成部分，打通了从种子、农业生产、农业投入品、稻米加工、流通、食味等多环节，构建起从种子到餐桌的端到端的农产品溯源体系。同时，依托区块链技术所呈现的消费者画像也能指导生产者针对市场需求做出相应的调整。

IBM 基于区块链的"Food Trust 平台"，可以用于追踪从新鲜肉类到大米到蘑菇的各种产品。使用该系统，绿叶蔬菜供应商将能够在几秒钟内将产品追溯到农场。该系统减少了跟踪出售的食品到其来源所需的时间，从而可以更快地响应食源性疾病的爆发。"Food Trust 平台"将建立起消费者信任，消除生产污染和错误的产品信息。而区块链的透明性、即时可用性可以将食品调查过程缩短到几秒钟，将在很大程度上改善当前问题食品的处理。

基于区块链难以篡改的技术本质，农业大数据服务商打造的区块链全程可视化溯源系统则是做到了农产品从田间地头到市场的透明化流通追溯，既为农产品质量安全监管方提供了全方位的监管平台，又解决了消费端与种植端长期以来存在的购买信任问题。

大数据使得农业生产更加科学，农产品的质量安全追溯体系更加透明。农民可以用手机（或电脑）及时掌握田间各种因素的信息（比如土壤施肥情况等），分析作物的成长状况，以及帮助农民实现科学管理决策，判断化肥和杀虫剂的使用量和施用时机，提高农产品质量和安全性。消费者也可以通过互联网实时了解农产品区块链的动态，放心消费。

第五节　农业大数据与农产品监测预警

随着海量信息的爆发，农业跨步迈入大数据时代。在大数据的推动下，农业监测预警工作的思维方式和工作范式发生了根本性的变化，农产品监测预警的分析对象和研究内容更加细化，数据获取技术更加便捷，信息处理技术更加智能，信息表达和服务技术更加精准。伴随大数据技术在农产品监测预警领域的广泛应用，构建农业基准数据、开展农产品信息实时化采集技术研究、构建复杂智能模型分析系统、建立可视化的预警服务平台等将成为未来农产品监测预警发展的重要趋势。在大数据时代，农产品监测预警工作应该形成大思维，开展大合作，迎接大挑战。

近年来，随着物联网、云计算、移动互联、LBS（Location Based

Service）、遥感及地理信息技术等的飞速发展，农业数据呈现海量爆发趋势，农业跨步迈入大数据时代。大数据成为和物联网、云计算、移动互联网同样重要的技术和趋势。搜集数据、使用数据已经成为各国竞争的一个新的制高点。大数据也为农产品监测预警工作带来了新的发展机遇，数据驱动决策的工作机制悄然形成，将极大地改变农产品监测预警工作方式，引起农产品监测预警工作模式的根本变革。

大数据是"人类社会—物理世界—信息社会"三元世界沟通融合的重要纽带，其形成的信息流贯穿于农产品生产、流通、消费各个环节。大数据的发展正在改变着传统农产品监测预警的工作范式，推动农产品监测预警在监测内容和对象、数据快速获取技术、信息智能处理和分析技术、信息表达和服务技术等方面发生深刻变革。

一、监测对象和内容更加细化

随着农业大数据的发展，数据粒度更加细化，农产品信息空间的表达更加充分，信息分析的内容和对象更加细化。传统的农产品监测预警常常存在"抓大放小"的问题，抓住了粮、棉、油、糖等大宗农产品，而忽视了小宗鲜活农产品，造成生姜、大蒜、绿豆等小宗产品价格"过山车"式的波动，一度造成市场不稳，因此，市场环境下任何品种都应当予以恰当关注。伴随移动信息获取手段和设备的改进，数据获取变得更加快速和便捷，分析对象也从"总体"监测向"细化"监测转变。农产品的质量风险和市场风险既是"产出来"的，也是"管出来"的，过去受制于信息监测手段和设备的局限，无法实现全产业链的监测预警，而大数据技术则突破了这一困局，使得农产品的分析产品涵盖大宗、小宗农产品，监测预警内容从总体供求向产业链、全过程监测扩展，预警周期由中长期监测向短期监测扩展，预警区域由全国、省域向市域、县域、镇域，甚至是具体的田块扩展。

二、数据获取技术更加快捷

农业系统是一个包含自然、社会、经济和人类活动的复杂巨系统,在其中的生命体实时地"生长"出数据,呈现出生命体数字化的特征。农业物联网、无线网络传输等技术的蓬勃发展,极大地推动了监测数据的海量爆发,数据实现了由"传统静态"到"智能动态"的转变。现代化的信息技术将全面、及时、有效地获取与农业相关的气象信息、传感信息、位置信息、流通信息、市场信息和消费信息,全方位扫描农产品全产业链过程。在农作物的生长过程中,基于温度、湿度、光照、降水量、土壤养分含量、pH 值等的传感器以及植物生长监测仪等仪器,能够实时监测生长环境状况;在农产品的流通过程中,GPS 等定位技术、射频识别技术实时监控农产品的流通全程,保障农产品质量安全;在农产品市场销售过程中,移动终端可以实时采集农产品的价格信息、消费信息,引导产销对接,维护市场稳定。如中国农业科学院农业信息研究所研制的一款便携式农产品市场信息采集设备——"农信采",具有简单输入、标准采集、全息信息、实时报送、即时传输、及时校验和自动更新等功能。它嵌入了农业农村部颁发的 2 个农产品市场信息采集规范行业标准,十一大类 953 种农产品以及相关指标知识库,集成了 GPS、GIS、GSM、GPRS、3G/WiFi 等现代信息技术,实现了市场信息即时采集和实时传输,目前已在天津、河北、湖南、福建、广东和海南等省市广泛使用,并在农业农村部农产品目标价格政策试点工作的价格监测中推广应用。

三、信息处理分析技术更加智能

在农业监测预警领域,我国各部门已经建立了一些大型分析系统。如农业农村部的农产品监测预警系统,国家粮食局的粮食宏观调控监测预警系统,商务部的生猪、重要生产资料和重要商品预测预警系统,新华社的全国农副产品和农资价格行情系统以及海关总署进出口食品安全监测与预警系统等。

许多系统在结构化数据处理上能力尚可，但对于半结构化、非结构化数据的处理则比较欠缺。在大数据背景下，数据存储与分析能力将成为未来最重要的核心能力。未来人工智能、数据挖掘、机器学习、数学建模、深度学习等技术将被广泛应用，以 Hadoop 等平台为支撑的应用平台分析将成为主流，我国农产品监测预警信息处理和分析将向着系统化、集成化、智能化方向发展。如中国农产品监测预警系统（China Agricultural Products Monitoriting and Early Warning System，CAMES）已经在机理分析过程中实现了仿真化与智能化，做到了覆盖中国农产品市场上的 953 个主要品种，可以实现全天候、即时性农产品信息监测与信息分析，用于不同区域、不同产品的多类型分析预警。未来农产品监测预警将在获取手段、记录方式、信息管理、分析方法、分析速度、分析主题和结果判断上变得更加智能，尤其是在分析方法上，将由过去侧重专家经验判断为主向重视数据分析、模型分析以及计算机模拟与智能判断相结合的方向转变（表 5-1）。

表 5-1　智能信息分析预警与一般信息分析预警的区别

	一般信息分析预警	智能信息分析预警
获取手段	典型调查、实地访问	电子监控仪、录音笔、射频扫描、GPS、GIS、RS 等
记录方式	人工统计录入/调查问卷访谈记录	自动传输到小型光电存储介质、大型数据服务器等
信息管理	人工管理与笔记备忘相结合	通用/专用管理信息系统
分析方法	分析模型	分析模型与计算智能相结合
分析速度	正常、及时	实时、同步
结果判断	模型结果以专家判断为主	智能化模拟、智能判断
分析主题	较广泛	主题更明确

四、表达和服务技术更加精准

在大数据的支撑下，智能预警系统通过自动获取农业对象特征信号，将特征信号自动传递给研判系统，研判系统通过对海量数据自动进行信息处理与分析判别，最终自动生成和显示结论结果。发现农产品信息流的流量和流向，在纷繁的信息中抽取农产品市场发展运行的规律，最终形成的农产品市场监测数据与深度分析报告，将为政府部门掌握生产、流通、消费、库存和贸易等产业链变化、调控稳定市场提供了重要的决策支持。

可视化技术的发展使得数据分析的主要流程和结果能够得到更好的呈现和展示。我国具有多样的农产品市场、繁多的农产品品种、差异化的农产品区域，要想直观显示相当困难，而大数据技术则可以利用标签云（Tag Cloud）、历史流（History Flow）、空间信息流（Spatial Information Flow）、热力图等更直观可视地展示农产品市场的变化。这些技术已经在其他领域得到应用，如百度公司利用百度地图热力图和大数据挖掘技术，制作了中国的"春运迁徙图"，展示了一幅全程、动态、即时、直观的人员流动图，全面展示了人口大迁移的轨迹特征和春节出行特征。农业领域的表达和服务要在大数据共性技术的基础上更多地融入农业本身的特性，只有这样才能使农业的服务和表达更加精准。

第六章　农业大数据典型案例

第一节　农业科学大数据的整合与共享

一、农业科学大数据整合

数据整合的最终目的是实现数据的深层次利用和服务。数据整合的意义就是将科学数据资源规范化地保存在一个数据仓库中，在应用的过程中可以重复使用，能够应用一套完整的数据来同时并多次提供数据服务。

1. 建立国家科学数据中心加强农业科学数据资源整合

我国国家农业科学数据中心通过新建数据库、数据库更新维护、数据汇交等多种方式加强农业科学数据资源整合，中心已成为我国农业科学数据资源的"蓄水池"和"聚集地"，为建成国内外学科覆盖最全、资源总量最大、资源整合和管理水平领先的世界级农业科学数据共享平台打下了坚实的基础。

中心建立了一套较为完善数据采集与录入规范和方法，按固定时间节点进行采集和测定，保证了观测数据的完整性、连续性和系统性；人工观测数据委托专业技术人员进行采集、分析和统计，人员均经过严格培训且稳定，以确保数据的可靠性；数据入库严格遵照数据质量控制软件自动检查、人工抽检复查二级审核制度，保证了数据的规范性和标准化。在数据汇交与传输方面，中心统一规范，基于科学数据融汇管理系统实现完整的数据管理文档，并要求将元数据汇交到国家科技平台门户系统"中国科技资源共享网（www.escience.org.cn）"，数据同时可在中心门户网站上进行查询、检索与下载等。此外，中心加强数据安全管理，采用多种形式的备份手段对数据资源进行备份，有力地保障了信息共享网络的高速、稳定运行，设定专门管理人员进行有关平台共享数据的整理、访问反馈和数据汇交等任务，保障各项数据资源及时更新和汇交传输共享。

2. 我国苹果产业数据资源建设与整合

随着信息时代的来临，苹果产业的"资源仓库"毫无疑问成为了保障产业发展和实现科技创新的重要工具。为了对资源进行深层次的利用，数据建设和整合是基础。我国苹果产业的数据资源既具有普遍性也具有特殊性，深入地分析数据资源建设目前存在的主要问题——包括数据源的解析、数据的规范化描述、数据体系的建设、异构数据转换，数据间语义关联关系发现等，通过科学的理论分析和现代信息技术来解决这一系列问题，是实现数据开放共享和产业信息服务的科学基础。

中国农业科学院农业信息研究所完成了对苹果产业数据的分类和资源体系建设，并对数据的整合和应用进行设计与演示。对苹果产业的特点和资源建设现状进行了分析，并对相关理论基础和关键技术进行系统阐述，明确了我国苹果产业的资源建设现状和关于数据整合的方法手段。对我国苹果产业数据的特点和来源组成进行研究，明确了各类数据源的数据组成，并对如何获取和采集到这些数据进行了阐述。尤其是对不同类别数据的具体查找方式，细化到数据库名称和书目的类型。

以数据分析为基础对数据进行了分类，并且立足于科研视角构建了苹果产业数据资源体系，分为8个一级类目，28个二级类目，对各类目下的数据资源进行了详细说明。资源体系的构建，便于数据的分类查找，可以节约用户的时间成本和知识成本，为数据整合提供基础。

在明确和完成数据资源建设的基础上，对数据的整合进行了架构设计，包括数据库的建设、数据的清洗、装载、组织和关联。基于 ETL 技术，用 Kettle 工具实现了多源异构数据的同构化。数据经过抽取、标引及实体间关联关系形成规则的分析，揭示出了苹果产业数据间的多维关联关系，将不同的资源交织渗透到一起，实现了苹果产业数据的系统化和一体化。

对数据整合在实际应用过程中的必要性进行了分析，并基于数据整合的结果来选取部分数据来应用分析演示，包括数据的检索服务、知识服务、产业布局、品种结构布局、种质资源分布、病虫害发生及分布情况、基于数据整合的专家咨询等，从各个应用层面来分析和证实数据的整合如何能够为苹果产业的发展提供更综合和更加系统化的一站式服务，解决了用户在实践过程中需要从多个渠道采集数据和寻求不同类型服务的难题，从而为我国苹果产业的发展和科技创新提供数据支撑和资源保障（陈亚东，2016）。

二、农业科学大数据开放共享

科学数据是指人类社会科技活动中所产生的基础数据、资料，以及按照不同需求而系统加工的数据产品和相关信息。可是数据既是科学发展的基础，更是科学可持续发展的关键，而科学数据的共享已成为科学界的共识。

1. 国家农业科学数据中心

2019 年，农业科学数据资源的建设、管理与共享工作得到了世界各国政府、科研机构、科学家的高度关注和重视。在此背景下，农业科学数据建设与共享实践取得诸多战果，一批质量高、应用广的农业科学数据库及平台得到持续建设和发展。国际上影响力较大的国际数据委员会（CODATA）、世界数据系统（WDS）、科学研究数据全球联盟（RDA）等国际组织在 2019 年度举办了不少有影响力的国际科学数据活动。CODATA 在 2019 年学术年会上，设置 36 个并行分会，在分会上研讨了各个学科领域在数据开放政策、数据基础设施能力建设、数据驱动科学发现的最佳实践经验，对地观测、基因组学、天文科学、地球科学等数据密集型领域开展深入探讨；WDS 举办了亚洲–太平洋会议，来自 17 个国家的数据从业者，就"在发展中国家建立面向数据的网络"这一议题展开研讨；RDA 召开第十四次全体会议，汇集了来自世界各地、来自各个学科的研究，行业和政策制定方面的数据专家，主题为"数据与众不同"，探索数据如何发挥作用的广泛方式，提高使用数据的能力，从而对世界产生积极影响，以应对其复杂的挑战。英国数据存档库（UKDA）、美国国立卫生研究院（NIH）支持建设的蛋白质数据库（PDB）和澳大利亚国家数据管理服务平台等国家级数据平台持续开展农业科学数据管理与共享服务，粮农组织 FAO 发布了农业环境指标、农业科技指标、土地利用、渔业资源等十多个数据库，积极促进农业科技共享创新研究。

国内，从"数据作为生产要素按贡献参与分配"的理论创新，到 20 个国家科学数据中心正式成立，科学数据共享的国家队正式挂牌，以及农业科学数据管理实施细则的颁布实施，一路走来，我国农业科学数据工作硕果累累。

目前，以国家农业科学数据中心为代表的农业科学数据共享体系，已经形成了覆盖全国的多模式、多渠道科学数据共享服务体系，组建专职科学数据服务团队，及时响应不同类型用户数据需求，深度践行以资源建设与资源服务为核心的农业科学数据共建共享发展理念，取得了较好的服务成效。中心利用线上与线下相结合的方式面向全国各类用户开放共享。通过资源的开放共享，对企事业用户进行数据服务，支撑了国家、省部级多项课题的开展，支撑了论文、专利等成果的产出。

2. 科学数据出版

通过科学数据出版可将科学数据通过互联网进行公开共享，支持数据提供者之外的研究人员或机构再利用（Tony H，2009）。科学数据出版可为数据引用提供标准的数据引用格式和永久访问的地址。科学数据的出版不仅仅是简单的数据发布，是将数据作为一种重要的科研成果，从科学研究的角度对科学数据进行同行评审和数据发表，以创建标准和永久的数据引用信息，供其他科学论文引证（王巧玲，2009）。

科学数据决定了科学论文的质量，很多期刊要求作者在学术论文正式发表前公开相关数据，例如：*Molecular Biology and Evolution*（分子生物学与进化）、*Nature*（自然）、*Proceedings of the National Academy of Sciences USA*（美国国家科学院院刊）、*Sciences*（科学），这是数据出版的雏形（温孚江，2015）。

在科学数据共享界，1957 年成立一个国际性数据共享组织，即前世界数据中心（World Data Center，简称 WDC），目前在全球已有 51 个学科中心。国际科技数据委员会（CODATA）创建的 Data Science Journal 即是专门刊登与数据有关文章的数据期刊。2008 年国际科学联合会（ICSU）提出了数据出版概念，将数据中心作为数据出版的重要组成部分（何琳，2014）。目前，我国已创办了几本专门的数据期刊，试点数据论文形式的科学数据出版，如《全球变化数据学报》《中国科学数据》《地球大数据》。在农业领域，中国农业科学院农业信息研究所通过《农业大数据学报》探索科学数据出版。

科学数据出版，作为一种新的数据共享机制，可推动科学数据共享与再利用、增加科学数据价值，进而影响社会经济与科学创新。

3. 共享活动

国家科技基础条件平台中心每年举办"共享杯"大赛。通过比赛加强了本科生、研究生群体对国家科技资源共享服务平台以及科技资源开放共享的认识和理解，提高在校大学生的科技资源利用水平；为大学生提供优质科技资源，支持其创新创业活动，增加其创业意识、创新精神和创造能力，厚植大学校园创新创业沃土。

4. 农业科学数据共享模式与技术系统研究——以辽宁省为例

针对农业科学数据共享模式单一、对数据重用支撑不足，共享技术解决方案不系统、效率不高等问题，中国农业科学院农业信息研究所以农业科学数据为对象，开展了农业科学数据共享模式与技术系统研究，提出了农业科学数据共享新模式和农业科学数据共享技术系统，以期提高农业科学数据共享效率，推动农业科学数据资源建设，支撑农业科技创新。

采用文献调研法、案例研究法、调查分析法、系统分析法等方法，调查分析了辽宁省农业科学数据共享现状，了解了全省农业科学数据用户状况、农业科学数据资源现状、农业科学数据共享现状、农业科学数据重用状况和农业科学数据用户需求状况，基于调研结果进一步分析了辽宁省农业科学数据的相关特点和农业科学数据共享中存在的障碍。

基于辽宁省农业科学数据的相关特点，提出了农业科学数据共享模式的构建思路和农业科学数据的分类方法，构建了集中和分布相结合的农业科学数据共享模式。

基于农业科学数据共享中存在的技术障碍，提出了"三位一体"的农业科学数据共享技术系统，包括科学数据增强技术、科学数据互操作技术和科学数据重用效果评估三部分。明确了数据增强技术的四级结构，制定了数据增强的技术路线，设计了农业科学数据"数据元"标准方案、元数据标准和元数据应用方案，以及农业科学数据本体和农业科学数据元数据本体的构建方案；提出了包括技术、语义、组织、法律四个层面的农业科学数据互操作层次框架，构建了农业科学数据技术互操作方案和语义互操作方案；提出了农业科学数据重用效果评估框架（彭秀媛，2018）。

第二节　农业科学观测数据的汇聚与存储

一、引言

对农业生产复杂系统各要素变化、要素间相互关系进行科学观察、观测和记录，获取和掌握我国农业产前、产中、产后的数据资料，科学分析和预测我国农业生产现状和发展趋势，阐明系统变化内在联系及规律的科学活动，对促进农业科技创新、指导农业生产、保障国家粮食安全和政府科学决策具有重要的意义（熊明民，2015；陈琼，2019），因此迫切需要构建全国统一的农业科技基础性长期性监测网络，加快观测数据汇聚管理平台的建设。

农业长期观测数据为农业科学发展做出了重要贡献。目前世界上持续 60 年以上的农业科学观测站有 30 多个，其中最著名的有英国洛桑试验站（赵伟，2009），欧洲环境署建立的生物资源长期定位观测研究网络（王兵，2003）。美国伊利诺伊大学的摩洛试验站试验区开始于 1876 年，经过 100 多年的研究，得出作物轮作并配合施肥时，产量最高并能保持土壤中较高的有机质含量的结论（沈善敏，1984）。加拿大科学家利用欧洲地笋和芦苇在加拿大近 20 年的动态观测数据，揭示了它们传入与时空扩张机制。欧洲科学家利用豚草和大叶牛防风在欧洲的动态观测数据，系统阐明了豚草和大叶牛防风在欧洲时空扩散的动态变化特性，进而提出了综合防控措施，为阻止该物种的进一步扩散以及降低其危害起到了重要作用。南非科学家通过对一种相思树的长期观测，明确了其在南非的扩散动态，进而沿扩散路线选择不同的试验点开展了其生态适应性、繁殖特性的试验，系统阐明了其未来的发生动态与环境因素的关系。

我国农业生态和资源丰富多样，有世界独一无二的青藏高原、中纬度温带干旱农区和典型的季风气候，很难直接借鉴国际上已有的科学发现和技术创新成果来解决中国农业问题。当前我国的农业资源利用率很低、水资源短缺问题日益突出、农业面源污染形势严峻、有效耕地面积减少、耕地质量下降（毕洪文，2006；张福锁，2008），农业生产总体呈现结构性、复合性、区域性等特征，资源与环境等问题对农业生产快速发展的制约和影响日渐突出，但对许多相关问题仍缺乏深刻的科学认识，必须通过长期动态观测和定位试验研究，系统辨识和评估农业生产面临的主要问题，科学预测其发展趋势，探索解决问题的准确途径和最佳调控措施。因此，借鉴国外经验，建立我国农业的长期监测网络和数据汇聚管理平台具有重要的意义，我国目前也建设了农业科学数据观测站体系。

二、农业科学观测数据汇聚过程

农业科学数据观测站是根据国家农业科技发展的需要进行布局，长期开展定点定时定指标的观测，并通过数据汇聚管理平台把观测到的数据进行逐层汇聚和管理。从数据采集到汇聚再到应用是一个完整的链条，图 6-1 显示了整个数据管理链条以及数据汇聚和应用的技术路线，特别是汇聚过程中各种标准规范所起的作用。

农业科学观测数据汇聚过程受相应的标准规范约束，目前，研究者在参考相关的基础上（王卷乐，2011；王兵，2010；徐枫，2003；崔向慧，2017），建立了农业科学观测数据汇聚管理的标准规范体系（图 6-2）。在这个标准规范体系中，数据采集阶段涉及的标准规范有：数据采集标准、数据质量控制规范、数据著录规范、数据分类标准、术语（观测变量与指标）标准、数据说明规范以及元数据标准。其中数据采集标准、术语（观测变量与指标）标准、元数据标准属于专业标准，需要在公共标准的基础上，根据具体专业属性进行细化和补充。数据汇聚阶段涉及的标准规范有：数据汇交程序规范、数据交换格式规范，用来规范数据中心与数据总中心之间的数据汇交过程。数据共享服务阶段涉及的标准规范有：用户分级标准、用户认证规范、数据服务规范，用来规范数据的存贮、分发、报告、服务的相关流程。

三、农业科学观测数据汇聚管理平台的结构和功能设计

农业科学观测数据汇聚是一个逐级的过程，因此从结构上看，农业科学观测数据汇聚管理平台是由一系列系统所组成（图 6-3），包括农业观测数据采集与加工系统、农业观测数据挖掘分析与预警系统、农业观测数据汇交系统、农业观测数据长期保存系统、农业观测数据共享服务系统，平台要支撑

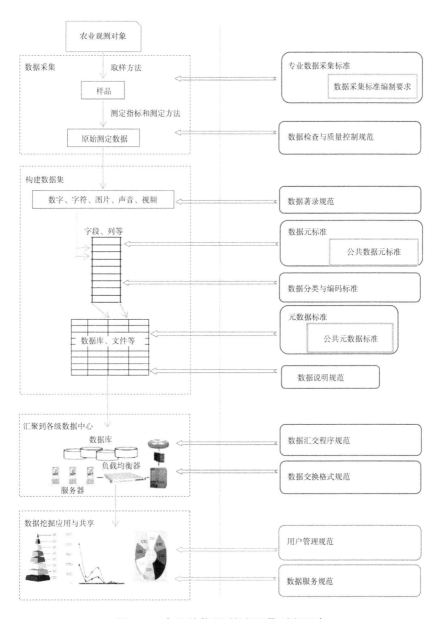

图6-1 农业科学观测数据汇聚过程示意

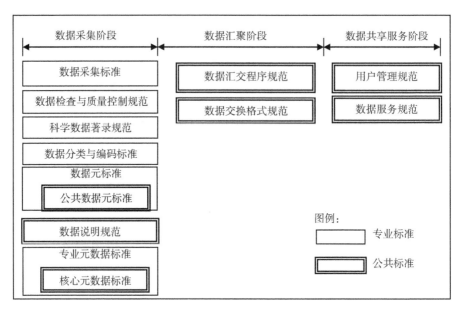

图6-2 农业科学观测数据汇聚管理的标准规范体系

不同主体在不同环节上对农业科学数据的各种管理。

　　农业科学观测数据汇聚管理平台支撑各领域数据中心完成专业领域数据库的建设、汇交、专题挖掘分析等工作。各领域数据中心利用所属科学观测站的观测数据来完成数据库的汇编工作，对数据库中数据的专业性、准确性和完整性负责，并形成统一的数据库汇交到国家农业科学数据中心。各领域数据中心利用数据库中的数据以及专业分析模型，开展数据趋势分析，形成专题数据分析报告或者预警分析报告，支撑农业宏观决策和管理。

　　农业科学观测数据汇聚管理平台支撑国家农业科学数据中心完成农业观测数据的长期保存、挖掘分析、共享服务等工作。国家农业科学数据中心利用数据汇交系统汇聚不同领域数据中心汇交上来的数据。目前领域数据中心汇交的数据涵盖了土壤质量、农业环境、植物保护、畜禽养殖、动物疫病、作物种质、农业微生物、渔业科学、天敌昆虫、农产品质量等学科领域。

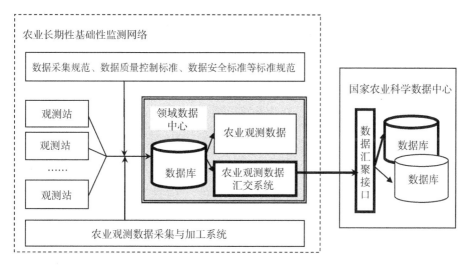

图6-3 农业科学观测数据汇聚管理平台的逻辑结构

农业科学观测数据汇聚管理平台的功能主要有3个方面。

一是农业科学观测数据的长期保存。通过对我国农业科技数据与资料进行系统连续的采集、积累和长期保存，全面、准确、及时地掌握我国农业发展状况，为研究和解决资源、环境、粮食、发展等一系列重大问题提供数据支撑。

二是农业科学观测数据的共享服务。长期定点观测数据对农业科学研究非常重要，农业科研人员可以通过农业科学观测数据汇聚管理平台获得观测数据的共享服务，利用长期定点观测数据开展农业科学研究，支撑农业科技创新。

三是农业科学观测数据的分析挖掘应用。通过提供在线数据挖掘分析工具，对相关资料、数据、信息的整理、分析和研究，认识农业生产与环境的演变过程，揭示农业生产及相关领域演化规律和作用机理，探索人与自然和谐发展模式，为进一步研究探讨人为调控和干预、评估和预报自然系统的技术途径成为可能。比如，农田土壤风蚀预报与防治、农业面源污染防控、作物有害生物防治、耕地质量改善、农业综合生产能力提高等。

四、农业科学观测数据汇聚管理平台的实现

农业科学观测数据汇聚管理平台是基于 JAVA EE 平台构建，使用流行的 Spring 开源技术，并且整合了众多成熟企业应用的管理组件，如 ORM 访问服务、AOP 事务控制、Activity 开源流程引擎、JMS 消息管理、Spring Security（孙恩斯，2019）安全管理，完成系统的各种应用开发扩展。平台运行的典型界面见图 6-4。

在平台实现过程中，重点考虑农业科学观测数据汇聚工作中学科门类复杂、指标众多的特点，采用可视化表单设计方法实现数据编辑表单的实现。可视化表单基于 Ueditor（宋建，2019）下的不同流程控件的支持，可快速实现流程定义表单的设计，提供在线的主数据单据配置，用户可在平台上通过大量使用不同的组件及数据类型，可映射至系统平台中，实现对主数据的可视化配置及管理。

图 6-4 农业科学观测数据汇聚管理平台的运行界面

五、农业科学观测数据汇聚管理平台效果与展望

农业科学观测数据汇聚管理平台目前已经在支撑国家农业基础性长期性

科技工作中 456 个检测站点的数据汇交、评审、入库工作。系统绘制不同领域表单涉及观测指标超过 10 000 余项，累计上传数据超过 500GB。经过我国农业观测用户的实际系统使用，有力证明了平台设计的前瞻性、可靠性与高冗余度。未来在农业基础性长期性观测数据多年累计的基础上，形成一批基于科学数据的农业问题分析报告政策建议，支撑科技创新、为农业提质增效、破解我国三农问题等奠定坚实的数据基础。

第三节　数据驱动的果园生产管理平台

我国是世界水果生产第一大国，但水果产业大而不强，存在着产量低、品质差、机械化程度低等问题。果园数字化管理和科学化栽培是提升果品产量和品质的关键因素之一。中国农业科学院农业信息研究所在北京、陕西、山东、辽宁、浙江等地开展果树形态参数获取，验证苹果树形态结构模型；安装果园环境信息采集系统，收集果园环境数据，验证果园环境数据表示方法；推广示范果园数字化管理平台，为苹果数字化管理模型构建和完善采集大量的第一手数据。

一、数据采集

在北京农业职学院实验基地和北京昌平中日友好果园两个数据采集基地，开展果树冠层点云数据获取工作及枝条生长记录工作。

采用 FARO Laser Scanner Focus3D 激光扫描仪扫描进行点云数据的采集，富士苹果树扫描现场及扫描点云结果。为了获得较高的精度，每株苹果树共进行 4 栈扫描，分别为围绕苹果树 90° 间隔扫描，获得的点云数据包括点云的三维坐标 (x, y, z) 和颜色信息 (r, g, b)。

通过在每株树上选取若干枝条进行标记，测量记录了粗度、方位角、倾角等参数，定点拍摄枝条的生长状态。并按照冠层的分枝区域（前、后、左、右、上等五个区域），选取分枝类型，记录枝条长度及粗度、枝条上着生叶片个数、叶柄长度及粗度，叶片宽度及长度，叶簇的数量等。最后进行叶片的三维数字化和纹理拍摄，形成枝条生长记录数据。

为了构建苹果生长模拟模型，在辽宁葫芦岛中国农业科学院果树研究所的试验果园中，以"华红"苹果树为试材，通过整株分区挖掘法获得了全株果树干物质组成。

通过与苹果树种植专家和果园技术管理人员沟通，整理果园管理知识，形成苹果树标准化生产技术规程数据集、果园生态技术知识数据集和果园生态技术知识数据集。苹果树标准化生产技术规程数据集包括：园地选择、规划栽植、果园水肥管理、花果管理、树形的培养与改造、苹果分级包装与贮藏、病虫害综合防治等；果园生态技术知识数据集包括：苹果苗木的选择、建园整地、环绕滴灌施肥、基肥的施用、细长纺锤形整形修剪要点、人工液体授粉技术、礼品苹果、果实增糖增色技术等；果园生态技术知识数据集包括：果园间作套种技术、生草栽培技术、沼气生态工程技术、畜禽养殖技术、病虫害控制技术等。

二、数据驱动的果园生产管理平台

通过对数据的分析利用，围绕果园数字化管理需要解决的数据获取、模型分析、软件平台等问题开展创新研究，在果园数字化管理技术取得了突破和创新。

1. 基于物联网果园环境和生产管理数字化技术研究与设备研制

针对国内果园多数在山坡地栽培，移动信号不稳定的特点，提出了基于可变采集指标项的果树生长和果园环境信息的采集数据表示标准；在果园中主要环境参数时空分布特性研究和 2.4GHz 无线信号果园传播特性研究的基础上，形成了"果园环境—生长过程—作业过程—果园管理"全链条的数字化采集技术体系；研制了果园信息采集设备套件，实现了果园环境信息（空气温湿度、降水量、光强、CO_2、土壤水分、土壤温度）、果园虫害信息、单树产量信息、果农作业信息、投入品等信息的数字化采集和实时传输，为果园数字化管理奠定了数据基础。与同类技术和产品相比，本成果的特点在于数字化采集技术覆盖了果园生产和管理的全链条，并实现了不同环节所采集数据的标准化表达和融合应用。

2. 苹果树三维形态结构模型构建与仿真

苹果树枝型管理是果树栽培的重点和难点。针对苹果树枝型数字化管理的应用需求，提出了苹果树三维形态结构模型构建的系列方法，与同类研究相比，本成果的特色在于通过苹果树的三维形态来逐日计算出光合产物量，解决干物质积累量计算不准的难题，有效提高了模型的模拟和仿真精度。

提出了基于样条曲线的叶子几何建模方法。该方法用 3 条 B 样条曲线描述叶子的边缘和主脉，通过交互调整曲线上控制点的方法，能够实现不同形态的叶子几何造型的数字化表达。

提出了一种苹果果实几何造型的方法。该方法用 Bézier 曲线拟合苹果果实的轮廓，通过加入表征品种特征的扰动函数来控制果实表面的果棱，通过调整果轴和果径最大处位置这两个影响苹果果实外形特征的主要参数，实现了同一个模型可生成各种形态的果实三维造型，为生成具有不同形态的各种品种的苹果果实提供了较好的技术方法。

提出了增量式的果树枝干骨架交互提取方法。该方法根据果树树形修整中，其主干、主枝和侧枝等分层培养，特征明显的特点，通过先主后次、逐步化简的策略，形成了"树干提取—主枝提取—侧枝提取"三步走的技术路径，通过较少的手工交互降低在全局的大量数据点云中搜索的计算消耗，实现了快速提取具有较高准确性的植株枝干骨架。

3. 苹果树生长模拟和营养管理模型构建

针对苹果树营养数字化管理的应用需求，在参考国外同类模型的基础上，构建了苹果树生长模拟和营养管理模型，与同类研究相比，模型的稳定性和预测性能更好。

采用分期整株挖掘法，利用苹果树体不同物候期各器官的生物量动态变化数据，构建了苹果树生物量的年生长模拟模型。

采用生理参数实验室分析方法，分别建立了萌芽期、盛花期、短枝叶片全展期、春梢停长期、果实膨大期、秋梢停长期、果实采收期、落叶休眠期8个时期，对磷、钾、镁、钙、铁、硼、锌、锰等营养元素的需求模型。

采用生理参数实验室测定与光谱测定数据相关建模方法，分别构建了苹果鲜叶氮营养近红外光谱 PLS 快速测定模型、土壤有效氮红外光谱快速估测模型，模型的相关系数分别为 0.9357 和 0.968，具有良好的相关性，可以用于苹果树体营养管理。

4. 果园数字化管理平台研发与应用

针对国内果园数字化管理的需求，以果品生产和管理为核心，提出了"果园码、地块码、作业码、投入品码、商品码"五码互联的果园生产管理综合编码体系，研制了果园数字化管理平台，具有果园监控、果园生产过程管理、专家远程诊断与服务、果品库存和溯源管理等功能，实现了果品全产业链数字化管理。该平台的特点有：①采用云计算模式和云化系统架构；②平台的综合性，平台以模拟模型为核心，数字化为基础，将果园环境、果树生长、果园生产、专家指导、政府监管等有机联系在一起，通过数据挖掘和模型分析，实现了果园的数字化和智能化管理；③平台的适应性，平台实现了多终端接入和全链条数据共享，能服务于果园主、专家、政府等不同主体。

三、实施效果

通过平台的建设突破了基于数据驱动的果园智能管理决策技术，利用数字化模型技术解决生产实践中常见问题；创建了果园数字化监测、生产过程数字管理与技术服务的果园数字化管理平台，实现果园管理的数字化和智能化。

利用相关研究获得的科研数据，建成主要苹果树品种叶片营养标准值数据库，成为国家基础科学数据库的组成部分，为其他后续研究奠定了基础；通过筛选和比较研究，建立的果园环境和生长信息采集标准，提出了果园和菜地信息采集的技术方案，为基于模型的果园和油菜作物数字化管理提供了理论依据和技术支持；研建的苹果树生长模拟模型和形态模型，实现了计算机对果树生长的模拟，在果园数字化管理的核心技术上实现了突破；研究果园和菜园数字化管理平台，从不同角度满足了用户管理果园和菜园的需求，实现了多渠道、多途径、全方位的咨询服务功能，探索了农业科技服务的新模式，为相关研究提供了可资借鉴的经验。

在北京、辽宁、山东、陕西、新疆、四川、浙江等地的果园和菜园建立定期交流、数据采集、系统调优、需求调研以及应用示范工作，建立定点监测实验小区，开展果园应用示范。示范应用提高了果园管理技术人员的管理水平和效率，产生了较好的经济效益和社会效益。

参考文献

［美］Bill Chambers，Matei Zaharia，2020. Spark 权威指南. 张岩峰，王方京，陈晶晶译. 北京：中国电力出版社.

毕洪文，2006. 我国农业资源环境现状及其保障措施 ［J］. 国土与自然资源研究（2）：31-32.

蔡佳慧，2013. 医疗大数据面临的挑战及思考.

陈琼，2019. 我国农业科技基础性长期性数据监测工作探析 ［J］. 现代农业科技（18）：214-215.

陈亚东，2016. 我国苹果产业数据资源建设与整合研究 ［D］. 中国农业科学院.

崔向慧，卢琦，郭浩，2017. 荒漠生态系统长期观测标准体系研究与构建 ［J］. 中国沙漠，37（6）：1121-1126.

［美］Donald Miner，Adam Sbook，2014. MapReduce 设计模式. 徐钊，赵重庆译. 北京：人民邮电出版社.

David Reinsel，武连峰，John F. Gantz，John Rydning. IDC：2025 年中国将拥有全球最大的数据圈. 2019 年 1 月，IDC，文件编号 US44613919.

国家统计局，国家发展改革委. 非传统数据统计应用指导意见 ［EB/OL］. 国统字 ［2017］ 160 号.

何琳，常颖聪，2014. 国内外科学数据出版研究进展 ［J］. 图书情报工作，58（5）：104-110.

黄史浩，2018. 大数据原理与技术［M］. 北京：人民邮电出版社.

简书. https：//www. jianshu. com/p/7924541ad7a0.

娄岩，2016. 大数据技术与应用［M］. 北京：清华大学出版社.

农业大数据的应用及发展建议_ 林羽.

彭秀媛，2018. 农业科学数据共享模式与技术系统研究［D］. 中国农业科学院.

钱建平，吴文斌，杨鹏，2020. 新一代信息技术对农产品追溯系统智能化影响的综述［J］. 农业工程学报，36（5）：182-191.

沈善敏，1984. 国外的长期肥料试验（一）［J］. 土壤通报（2）：85-91

沈善敏，1984. 国外的长期肥料试验（二）［J］. 土壤通报（3）：134-138

沈善敏，1984. 国外的长期肥料试验（三）［J］. 土壤通报（4）：184-185

宋建，史纪强，田百仁，等，2019. 一种基于 UEditor 的 CMS 附件管理方法［J］. 中国管理信息化，22（17）：183-185.

孙恩斯，2019. Spring Security 安全框架应用研究［J］. 信息系统工程（3）：72.

王兵，崔向慧，杨锋伟，2003. 全球陆地生态系统定位研究网络的发展［J］. 湿地科学与管理（2）：15-21.

王兵，丁访军，2010. 森林生态系统长期定位观测标准体系构建［J］. 北京林业大学学报，32（6）.

王卷乐，孙九林，杨雅萍，等，2011. 973 计划资源环境领域项目数据汇交实践与思考［J］. 中国科技资源导刊，43（3）：1-5.

王巧玲，钟永恒，江洪，2009. 英国科学数据共享政策法规研究. 图书馆杂志（10）：62-65.

王瑛，刘茂泉，2018. 大数据在农产品质量安全追溯中的应用探究［J］.
现代农业（9）：97-98.

维基百科 https：//baike. tw. lvfukeji. com.

温孚江，2015. 大数据农业［M］. 北京：中国农业出版社.

吴炳方，2004. 中国农情遥感速报系统［J］. 遥感学报，8（6）：
481-482.

谢江林，2015. 国内首个现代农业大数据交易中心数博会期间上线［N］.
贵阳日报，5月15日，第1版.

熊明民，2015. 加强我国农业科技基础性长期性数据监测工作的建议
［J］. 农业科技管理，34（5）：39-42+70.

徐枫，2003. 科学数据共享标准体系框架［J］. 中国基础科学（1）：
44-49.

许世卫，2014. 农业大数据与农产品监测预警［J］. 中国农业科技导报，
16（5）：14-20.

许世卫，2018. 中国农业监测预警的研究进展与展望［J］. 农学学报
（1）：197-202.

许世卫，王东杰，李哲敏，2015. 大数据推动农业现代化应用研究［J］.
中国农业科学，48（17）：3429-3438.

杨洪正，2016. 大数据技术入门［M］. 北京：清华大学出版社.

杨巨龙，2015. 大数据技术全解——基础、设计、开发与实践［M］. 北
京：电子工业出版社.

余芳东，2018. 大数据在政府统计中的应用、瓶颈及融合路径［J］. 调研
世界（11）：3-11.

张福锁，王激清，张卫峰，等，2008. 中国主要粮食作物肥料利用率现状
与提高途径［J］. 土壤学报（5）：915-924.

张瑞敏，2020. 大数据背景下高校思想政治教育创新研究［M］. 华东师范

大学.

张卫，2016. 农业部：推进农业农村大数据发展　试建八类农产品单品种大数据［J］. 中国食品（21）：156-156.

赵伟，朱增勇，聂凤英，2009. 英国洛桑研究所的管理经验及对中国农业科研机构的启示［J］. 世界农业（8）.

郑巍，黄盛杰，刘斌，2020. 浅析北斗卫星导航系统在农业工程中的发展和应用［J］. 农业装备与车辆工程，58（7）：143-144.

中国互联网络信息中心，2020. 第45次《中国互联网络发展状况统计报告》，4

周国民，2019. 我国农业大数据应用进展综述［J］. 农业大数据学报，1（1）：16-23.

周鸣争，陶皖，2018. 大数据导论［M］. 北京：中国铁道出版社.

周苏，王文，2016. 大数据导论［M］. 北京：清华大学出版社.

朱晓峰，2019. 大数据分析与挖掘. 机械工业出版社.

Andreas Kamilaris，Francesc X，Prenafeta-Boldú，2018. Deep Learning in Agriculture：A Survey. Computer and Electronics in Agriculture（147）：70-90.

http：//kuaibao. qq. com/s/20180509A1NZ8700？ refer＝cp_ 1026.

https：//baike. baidu. com/item/Big%20Data/9066270？ fr＝aladdin.

https：//scholar. google. com. sg/scholar？ q＝google+file+system&hl＝en&as_ sdt＝0&as_ vis＝1&oi＝scholart#d＝gs_ qabs&u＝%23p%3DA876_ 1DqXAEJ.

https：//static. googleusercontent. com/media/research. google. com/en//archive/mapreduce-osdi04. pdf.

https：//www. sohu. com/a/258129085_ 468058.

IBM What is big data？ — Bringing big data to the enterprise. www. ibm. com.

[2013-08-26].

Tony H, Stewart T, Kristin T, 2009. The Fourth Paradigm: Data-Intensive Scientifie Discovery [M]. Redmond: Microsoft Research.

UNECE Task Team, 2013. Classification on Big Data [EB/OL]. UNECE Wiki, June.